国家自然科学基金项目(50974118)资助

教育部新世纪优秀人才支持计划项目(NCET-09-0727)资助

江苏省高校优势学科平台建设项目资助

富水巷道围岩稳定控制理论与实践

李学华　姚强岭　著

中国矿业大学出版社

内 容 提 要

本书首次提出了富水巷道的含义,研究了富水圆形巷道塑性区半径和位移,提出了控制巷道围岩稳定的技术体系。主要内容包括:富水巷道顶板失稳破坏特征及分类研究、富水巷道顶板强度弱化试验研究、富水巷道顶板强度弱化基本原理、富水巷道顶板水渗流特征及稳定控制技术、富水巷道围岩稳定控制工程实践。

本书可供从事采矿工程、岩土工程等领域的科技工作者和工程技术人员参考使用。

图书在版编目(C I P)数据

富水巷道围岩稳定控制理论与实践 / 李学华,姚强岭著. ——
徐州:中国矿业大学出版社,2012.12
　　ISBN 978 - 7 - 5646 - 1771 - 4

　　Ⅰ.①富…　Ⅱ.①李…②姚…　Ⅲ.①富水性－巷道围岩－围岩稳定性　Ⅳ.①TD325

　　中国版本图书馆 CIP 数据核字(2012)第 315798 号

书　　名	富水巷道围岩稳定控制理论与实践
著　　者	李学华　姚强岭
责任编辑	孙建波　耿东锋
出版发行	中国矿业大学出版社有限责任公司
	(江苏省徐州市解放南路　邮编 221008)
营销热线	(0516)83885307　83884995
出版服务	(0516)83885767　83884920
网　　址	http://www.cumtp.com　**E-mail**:cumtpvip@cumtp.com
印　　刷	徐州中矿大印发科技有限公司
开　　本	850×1168　1/32　**印张** 6.125　**字数** 158 千字
版次印次	2012 年 12 月第 1 版　2012 年 12 月第 1 次印刷
定　　价	28.00 元

(图书出现印装质量问题,本社负责调换)

前　言

　　水岩作用一直是岩石力学的热点研究问题之一,特别是随着国家三峡、南水北调工程的建设,许多学者综合运用多种研究手段,分析了水对岩石的物理、化学及力学作用,研究领域也从宏观发展至微观,得到了一系列研究成果,为煤矿开采过程中遇到的水岩作用下的工程问题提供了有益借鉴。煤矿开采过程中的突水和渗水问题均可归结为水岩作用的范畴,但是,突水和渗水问题又有显著的差异,主要体现在突水问题与水的压力大小密切相关,而渗水问题则主要考虑水岩作用下岩石的渐进破坏问题。

　　一直以来,煤矿巷道围岩稳定控制的重点和难点主要集中在我国中东部矿区,这与该区域煤层的赋存条件密切相关,并且取得了一系列科研成果。近年来,随着国家煤炭资源开采战略调整,我国西部煤炭的开发力度逐步加大,不同于我国中东部矿区的煤炭开采问题显现出来,富水巷道围岩稳定控制就是亟待解决的关键问题之一。在我国西部矿区广泛分布的侏罗系延安组煤层顶板赋存一层或数层含水砂岩,该类砂岩具有较强的储水能力,受巷道开挖或开采影响下,又易于失水。在水的动态流失及开挖扰动影响下,砂岩完整性破坏甚至出现溃沙现象,引起巷道顶板的多次变形失稳。

　　本专著所研究的水对巷道围岩稳定的影响属于渗水范畴。针对富水巷道顶板易于变形破坏的特点,提出了该类巷道顶板围岩稳定控制的机理,系统研究了富水巷道工程地质特征、变形破坏因素以及顶板强度弱化特征等。全书共分6章。第1章简要回顾了锚杆支护技术的发展现状,分析了水对岩体力学性质及锚固效果的影响作用;第 2 章研究了富水巷道顶板遇水前后变形破坏特征,提出了富水巷道的概念并对其进行了分类;第 3 章研究了富水巷道顶板软弱岩层组分及微结构、含水砂岩弹性模量与含水率之间的关系及其单轴抗压状态下破坏形态、含水砂岩不同含水状态下声发射特征等;第 4 章提出了富水巷道顶板强度弱化的机理,详细探讨了水作用下含水砂岩顶板内部裂隙发展发育规律及其富水圆形巷道塑性区半径及位移影响因素;第 5 章提出了富水巷道顶板分顶、分阶段控制技术体系;第 6 章结合神华宁煤鸳鸯湖矿区梅花井矿工程实践,给出了富水巷道围岩稳定控制理论与技术在该类巷道中的实际应用。

本专著的完成得到了我国煤炭行业著名的采矿专家侯朝炯教授的关怀与指导,得到了中国矿业大学采矿工程系多位老师的热情鼓励与帮助,在此表示由衷的感谢。

书中的很多研究成果与神华宁煤集团公司各相关煤矿的第一手资料密切相关,在此,衷心感谢神华宁煤集团公司的有关管理与工程技术人员。该书的出版得到了国家自然科学基金项目(50974118)、教育部新世纪优秀人才支持计划项目(NCET-09-0727)和江苏省高校优势学科平台建设项目的资助,在此一并感谢。

由于作者经验与水平有限,书中难免有不妥和疏漏之处,恳请读者批评指正。

李学华

2012 年 10 月于徐州

目　录

1 绪论

1.1 问题的提出

　　安全、高效、经济的巷道支护技术是保证矿井安全、高效生产的必要条件。据不完全统计,我国国有大中型煤矿每年新掘进的巷道总长度高达上万千米,其中 80% 以上是煤巷与半煤岩巷。"八五"、"九五"期间,国家、原煤炭部分别将煤巷锚杆支护技术列为重点研究课题,我国煤巷锚杆支护技术取得了长足进步,特别是"九五"期间我国煤巷锚杆支护发展创新了一批新技术、新材料、新方法,并在现场工业性应用中得到了认可与推广,取得了良好的支护效果和技术经济效益[1]。到 2005 年,国有重点煤矿的煤巷锚杆支护率达到 60%,有些矿区超过 90%,甚至达到 100%,锚杆支护已经成为我国煤矿巷道首选的、安全高效的主要支护形式[2]。

　　经过近十来年的大力发展,我国煤巷已基本实现了由棚式支护为主向锚杆支护为主的转化,煤巷锚杆支护是我国继推行综采后的第二次重大支护技术革命[3],取得了显著的经济和社会效益。但复杂困难条件下煤巷围岩的稳定性,尤其是顶板的稳定性控制问题并没有根本解决[4,5]。由图 1-1 可知,我国 1997～2008 年间煤矿顶板事故死亡人数占煤矿所有事故死亡人数比例平均为33.8%,因巷道支护产生的顶板事故在煤矿事故的比例居高不下,已成为煤矿安全生产中必须重点解决的关键问题之一。

　　根据近年来对宁东、两淮和济宁等矿区多起煤巷冒顶事故的调查分析发现,约 50% 以上的冒顶是由顶板岩石吸水或失水过程

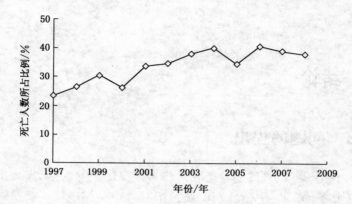

图 1-1　1997～2008 年我国煤矿顶板事故死亡人数所占比例

中导致其强度弱化引起的。因此,富水条件下顶板强度弱化机理及其控制技术已成为采矿界关注的重大理论和技术问题之一。

神华宁夏煤业集团宁东煤田为国家《煤炭工业中长期发展规划(2004～2020)》提出重点建设的 13 个大型煤炭基地之一。宁东煤田煤炭资源非常丰富,以侏罗系延安组含煤地层为主,在我国煤炭能源战略中占有重要位置。侏罗系地层在我国赋存范围十分广泛,分为下、中、上三个统,其中下统多为黑色页岩,中统多为棕色含铁砂岩,上统多为白色泥灰岩;按照地层划分,我国侏罗系地层分为 7 个地层区和 33 个地层分区,其中宁东煤田属于西北地层区鄂尔多斯盆地地层分区,为陆相沉积[6]。在整个西北地区,侏罗系地层的岩石学特征在不同地层区变化较大,这与当时沉积环境密切相关[7]。宁东煤田中统侏罗系延安组含煤地层直接顶多为泥岩、粉砂质泥岩等软弱岩层,遇水后易于崩解和膨胀,失水易于风化,强度弱化明显;基本顶多为侏罗系直罗组底部砂岩含水层,该含水层岩性以灰、灰绿色细、中、粗粒砂岩为主,泥、钙质胶结,胶结程度较差,遇水冲击呈松散状。宁东煤田侏罗系延安组含煤地层顶板岩层具有成熟度低、岩体结构松散、遇水后力学性质弱化明显等特点,也是区别于我国其他地区侏罗系地层的典型特征。宁东煤田多个矿区的中统侏罗系延安组主采煤层顶板巷道水患问题均较为突出,水作用诱发了多起巷道顶板事故[8-10]。

因此,为了解决该类巷道顶板稳定控制问题,减少顶板事故的发生,本书以神华宁夏煤业集团宁东煤田鸳鸯湖矿区中统侏罗系延安组主采煤层巷道为例,开展富水巷道顶板强度弱化机理及其控制研究。

1.2 研究现状及发展趋势

多年来国内外许多学者采用实验室试验、现场实测、理论分析及数值模拟等手段开展了水作用下岩石强度弱化机理的研究,认为孔隙与裂隙流体的存在对天然岩体有很强的破坏作用,地下水不仅影响工程岩体的应力状态,而且还对工程岩体的强度产生影响。但是由于流体与岩体包括的内容十分广泛,而且由于岩体组分的复杂性和实验水平的限制,水岩相互作用下的研究成果除定性的方面外,定量的描述远未形成共识[11,12],特别是水作用下工程岩体的弱化机理及其对该条件下的控制技术等问题尚待深入研究。

1.2.1 水作用下岩石强度弱化机理

地下水存在于地表以下的岩石中,按照存在于岩石中物理性质上的差异,岩石中水的形式有气态水、吸着水、薄膜水、毛细水、重力水及固态水等,此外还有矿物中的化学结合水。其中岩石全部孔隙被水饱和时,完全在重力作用下而自由运动的地下水称为重力水,矿井水就属于重力水中的一种。

岩石的水理性质是指反映水在岩石中存在状态的岩石性质,

包括容水性、持水性、给水性、透水性和毛细性等,其中岩石的透水性用于解决地下水在岩石中的运动条件,而岩石的给水性则用于解决地下水在岩石中的储存条件[13]。

岩石是一种多矿物体,不同岩石所含矿物成分也不相同,因而也决定了其遇水后呈现出的力学性质变化上的差异。一般而言,岩石遇水后强度降低,这种现象被称为水对岩石的软化作用,沉积岩岩石浸水后强度降低情况见表 1-1。

表 1-1   沉积岩软化系数[14]

岩石名称	软化系数	岩石名称	软化系数
火山集中岩	0.6～0.8	泥质砂岩,粉砂岩	0.21～0.75
火山角砾岩	0.57～0.95	泥岩	0.40～0.60
石英砂岩	0.65～0.97	页岩	0.24～0.74
凝灰岩	0.52～0.86	石灰岩	0.70～0.94
砾岩	0.50～0.97	泥灰岩	0.44～0.54

对于遇水后强度降低的岩石,水是造成其损伤的一个重要原因,有时它比力学因素造成的损伤更为严重[15]。水岩作用是能量的平衡过程,该过程使得岩石的内聚能不断减少,如果外界不能够提供足够能量以促使岩石在某一状态平衡,则最后达到松散岩石最低的能量状态时会自动平衡[16]。陈钢林等[17-23]认为岩石在一定的水压力作用下所产生的物理的、化学的和力学的作用过程正是导致工程岩体发生变形破坏的根本原因,而不仅是从有效应力原理简单考虑的力学效应。含水量大小显著影响岩石的抗压强度指标值,含水量越大则强度指标值越低[24-28],且水对岩石具有时间效应的变形特性[29,30]。A. B. Hawkins 和 B. J. Mcconnell[31]等开展了干燥和饱和状态下多种砂岩的单轴抗压强度试验研究,结果表明砂岩的软化系数在 0.22～0.92 之间,且发现加载过程中试

块中孔隙水压力的变化并没有对其强度造成太大影响。O. Ojo 和 N. Brook[32]针对湿度对岩石性质的影响,在试验与总结前人研究成果基础之上,得到砂岩湿度越大抗压强度及抗拉强度越小的结论,但也有抗拉强度随着湿度的增加而强度也增加的特例,这些岩石包括石英岩、灰岩、砂岩。同一应力条件下,饱水岩石较干燥岩石具有更加明显的蠕变性[33]。Y. P. Chugh 和 R. A. Missavage 通过研究发现,岩石浸水或在 100%湿度条件下放置 24 h,与天然湿度的试件相比,单轴抗压强度将减少 50%～60%[34]。C. D. Chang 等[35]通过三轴试验研究发现"湿"岩块的极限强度为"干"岩块极限强度的 60%～85%。唐春安等[36]利用湿度场理论,研究了岩体中的湿度扩散与流变效应,建立了湿度—应力—损伤耦合作用的岩石流变模型,认为导致岩体发生流变的主因是环境因素的改变,只是这种力学性质的劣化必须通过加载后的力学响应才能表现出来。刘光廷等[37]指出泥钙质胶结砾岩遇水后软化、膨胀,膨胀量不仅与砾岩含水率变化值有关,还与应力和初始含水率有关。

　　水对岩体的力学作用主要表现为静水压的有效应力作用、动水压的冲刷作用,而水对岩体的物理与化学作用主要体现在地下水浸入岩体后,使得岩体的摩擦角减小、改变岩体结构面中充填物的物理性状,特别是黏土矿物充填物,结构面中的充填物随含水量的变化发生固态向塑态直至液态的弱化效应,使岩体的力学性质降低[38]。张有天[39]进一步分析认为水对岩石的化学作用是不可逆的,而物理作用的过程一般是可逆的,力学作用在介质的弹性范围内是可逆的。周翠英等[40]指出水对软岩的成分和结构两方面改变的共同作用而导致了岩体力学性质短时间内大幅度地降低。有的学者指出水对岩石的力学性质的影响主要包括联结作用、润滑作用、水楔作用、孔隙压力作用、溶蚀及潜蚀作用等[14]。水作用下软岩试件峰值荷载减少,且表现出由脆性破坏向延性破坏特征,加剧了其流变特征[41,42]。汤连生等[43]通过理论分析得出水对含结构面岩体的断裂力学效应的作用包括直接与间接两方面,直接作用来源于裂纹中的静水压力或动水压力,而间接作用来源于水对裂纹面上的剪切强度的损伤。朱珍德等[44,45]运用断裂力学理论推导了含裂隙水压力岩体的初始开裂强度公式和利用MTS815.03电液压伺服控制刚性试验机研究了高水压对大理岩变形、强度、脆—延转化特性及破坏断裂损伤劣化的影响,发现高孔隙水压对岩石内部裂纹扩展、贯通起到加剧作用,对围压起到遏制作用,降低了岩石强度,且脆性断裂断口表面微观裂纹具有明显的各向异性,而塑性断裂断口表现出各向同性的特征。

孔隙水压力的存在,引起了岩体强度、弹性模量的降低,在工程岩体稳定性控制设计中需考虑其影响,并应采取有效措施减少孔隙水压力对工程岩体的负面作用。在绝大多数情况下[46],岩体浸水后强度降低与孔隙水压力作用是分不开的。通常把存在于岩体孔隙及裂隙中的水压力统称为孔隙水压力。如果饱水岩体在载荷作用下难于排水或不能排水,那么将产生孔隙水压力,岩体中固体颗粒或骨架所能承受的压力便相应减少,致使岩体强度随之降低。E. Hoek和J. W. Bray认为,孔隙压力会减少岩石结构面的抗剪强度[47]。胡耀青等[48]利用煤岩三轴应力渗透仪(不排水)研究了孔隙水压对煤样变形特性的影响,得到了弹性模量与孔隙水压的定量关系表达式。费晓东等[49]在MTS815.02伺服机上研究了不同孔隙水压下三轴压缩强度、变形特征。郭富利等[50]研究了炭质页岩不同饱水时间和围压对其力学性质的影响规律,指出围压对不同饱水时间软岩抗压强度的影响基本符合指数变化规律,且不受饱水时间的影响,随着围压的增长抗压强度逐渐增高。荣传新、程桦[51]将巷道围岩视为多孔介质,分析认为当巷道围岩中的孔隙水压力接近临界值时,易于引起巷道围岩失稳而崩塌。卢应发等[52]通过试验研究得出饱和岩石的比例极限应力可以利用偏应力与水压力之间的关系确定,且发现水压力使得岩石峰值强度下降、变形增加等。

刘建等[53]通过实验室试验综合研究了水岩物理化学作用,发现水岩物理化学作用对岩石弹塑性力学特性及相关岩土工程问题具有不可忽视的影响,水岩反应后其弹性模量、屈服强度、峰值强度和残余强度均有不同程度的降低。岩石宏观力学性质的变化,与微观上水岩化学作用密切相关[54,55],水岩化学作用引起的化学元素在岩石和水之间重新分配及岩石细微结构的改变,导致了岩石力学性质的变化[56-63]。汤连生、J. Dunning 等[64-67]指出水溶液分子或离子对岩石矿物的侵蚀、溶解、交换等作用,改变了岩石的组成、结构等,使岩石强度降低,同时,水化学作用使裂隙面黏聚力和摩擦因数降低。陈四利等[68-71]进一步指出化学溶液酸性越小和碱性越大则腐蚀效应越大,中性时相对减小,化学腐蚀是影响岩石力学特性的主要因素之一,不同环境对岩石的腐蚀效应不同。

综上,国内外学者分别从水岩物理、化学以及物理化学作用产生的力学效应等方面研究了水作用下岩石强度弱化的机理,分析了含水量、围压、水化学成分等对不同矿物组分岩石的影响作用,认为水作用下岩石的组分、微结构、强度及变形特征等均产生了显著变化,揭示了水作用下岩石强度弱化的机理。而关于水作用下岩石全应力应变过程中宏观破坏规律、如何减少水对顶板的侵蚀弱化作用、水作用下顶板裂隙发展发育规律等研究较少。

1.2.2　巷道锚杆支护理论及技术

1.2.2.1　巷道锚杆支护理论及其发展现状

随着对巷道围岩控制机理的不断认识和发展,锚杆支护理论已从被动承载发展至主动加固、从单一因素支护作用发展到复合支护作用、从简单条件适用扩展至复杂条件适用,呈现出阶段性、逐步发展完善的特点。

（1）国外锚杆支护理论

早期的锚杆支护理论起源于美国、德国等采矿技术发达的国家，具有代表性的主要有 Louis A. Panek 经过理论分析及实验室和现场测试提出的悬吊理论、Jacobio 等提出的组合梁理论、T. A. Lang 等提出的组合拱作用原理以及 W. J. Gale 通过现场测试和数值模拟分析得出的最大水平应力理论等，这些理论在一定时期内极大地推动了锚杆支护技术的发展，合理解释了锚杆支护的作用，得到了较为广泛的应用。

悬吊理论认为，锚杆支护作用是将顶板较软弱岩层悬吊在上部稳定岩层上的，直观地揭示了锚杆的悬吊作用；但在顶板中没有坚硬稳定岩层或顶板软弱岩层较厚时则无法解释锚杆支护的作用。

组合梁理论很好地解释了巷道顶板岩层为层状时的锚杆支护作用机理，但在分析中将锚杆作用与围岩的自稳作用分开，与实际情况存在差距。当围岩条件变化，顶板岩层较破碎、连续性受到破坏时，组合梁就不存在了。

组合拱理论认为，在巷道围岩破裂区安装锚杆，而且锚杆间距又足够小，则在杆体两端形成圆锥形分布的压应力相互叠加而在岩体中产生一个均匀压缩带，承受破坏区上部破碎岩体的载荷。组合拱理论在一定程度上解释了锚杆支护的作用机理，但在分析过程中没有深入考虑围岩—支护的相互作用，一般不能作为准确的定量设计，但可以作为锚杆加固设计和施工的重要参考[72,73]。

最大水平应力理论阐述了巷道围岩水平应力对巷道稳定性的影响以及锚杆支护所起的作用。设计方法上采用计算机数值模拟，并重视对巷道围岩的监测，根据监测结果修改完善初始设计。该理论目前得到了较为广泛的应用，为巷道布置及高强度锚杆支护技术的推广应用提供了依据[74,75]。

悬吊、组合梁、组合拱等锚杆支护理论是根据处于弹性状态的完整岩体提出的,适用于特定的条件,而对于巷道围岩处于峰后强度和残余强度的破裂岩体,上述理论不能有效解释锚杆支护的作用机理[76]。

（2）国内锚杆支护理论

我国锚杆支护理论从早期的引进、学习、吸收,直至创新和发展,为我国的锚杆支护技术发展乃至煤矿开采技术的进步作出了重要贡献。目前已形成一套适应不同开采技术条件下的锚杆支护理论,具有代表性的分别为董方庭等提出的松动圈理论、侯朝炯等提出的围岩强度强化理论、陆士良等提出的锚杆锚固力作用机理等,分别从不同角度解释了锚杆的支护作用。

董方庭等[77]在大量现场与试验研究基础之上,提出了松动圈支护理论。该理论包括围岩松动圈支护方式、松动圈分类和锚喷支护机理。该理论认为围岩破裂过程中的岩石碎胀变形是支护的对象,松动圈越大,碎胀变形和围岩变形量越大,巷道支护也越困难。并根据松动圈的大小进行了围岩分类,据此提出了采用何种支护理论计算锚杆支护技术参数。

侯朝炯和勾攀峰[78]在已有研究成果和相似模拟及理论分析基础上,提出了锚杆支护围岩强度强化理论,该理论为采用高（超高）强度锚杆支护系统维护巷道稳定奠定了理论基础。该理论的要点包括：① 巷道锚杆支护的实质是锚杆和锚固区域的岩体相互作用而组成锚固体,形成统一的承载结构；② 巷道锚杆支护可以提高锚固体的力学参数,包括锚固体破坏前和破坏后的力学参数（弹性模量、黏聚力、内摩擦角）,改善被锚固岩体的力学性能；③ 巷道围岩存在破碎区、塑性区、弹性区,锚杆锚固区域内岩体的峰值强度或峰后强度、残余强度均能得到强化；④ 巷道锚杆支护可改变围岩的应力状态,增加围压,从而提高围岩的承载能力,改善巷道的支护状况；⑤ 巷道围岩锚固体强度提高以后,可减少巷道周围破碎区、塑性区的范围和巷道的表面位移,控制围岩破碎区、塑性区的发展,从而有利于保持巷道围岩的稳定。

陆士良等[79]对锚杆锚固力的内涵及作用进行了深入研究,认为锚杆是通过对围岩施加锚固力来提高围岩岩体强度、改变围岩应力状态而稳定围岩的。锚固力是在锚杆与围岩相互作用过程中形成和变化的,锚杆的锚固力不仅与锚杆本身的结构、参数、锚固方式和锚固长度等有关,还与锚固岩体的位移、流变、离层和破裂等围岩的损伤破坏过程有关。

国内目前应用较为广泛的松动圈理论、围岩强度强化理论和锚杆锚固力作用机理,都认为围岩是承载的主体,锚杆的作用在于提高围岩的承载能力,重视锚杆的支护质量、支护刚度和强度,为锚杆支护技术的进步与发展提供了理论基础。

(3)其他支护理论

康红普[80]提出了巷道围岩的关键承载圈理论,关键承载圈是指巷道一定范围内承受较大切向应力的岩石圈。认为任何巷道围岩内均存在着关键承载圈,承载圈内承受的应力越小,厚度越大,分布越均匀,则巷道越容易维护。朱建明等[81]提出了巷道围岩控制的主次承载区的支护理念,认为巷道开挖以及滞后支护过程中在巷道周围形成压缩区和松动区,其中压缩区承担着围岩转移过来的主要荷载,因此称之为主承载区;松动区是应力和岩体强度都出现明显降低的区域,一般难以自稳,是巷道支护的对象。李树清[82]提出了巷道围岩控制内、外承载结构耦合稳定原理,建立了圆形巷道内、外承载结构相互作用弹塑性理论模型,分析了内外承载结构的力学特征以及内外承载结构之间的相互作用。许兴亮、张农等[83]研究了巷道覆岩关键岩梁与预应力承载结构力学效应,提出了在巷道变形过程中起到骨架作用的为外层关键岩梁结构,起到屏蔽和阻断应力传递的作用,内层预应力承载结构的存在使垂向支承压力峰值向煤壁深处转移,应力集中程度减缓导致应力匀化。

林崇德[84]、陆士良根据困难条件下锚杆支护成拱的重要作用,提出了锚固平衡拱理论,实质为锚固岩层整体进入破坏阶段后,岩层已经不是一个连续体,不存在一个中性层使其一侧受压、另一侧受拉的现象,由于顶板岩层在水平方向受约束,破坏了的岩层在锚杆的作用下相互挤压,形成维持自身平衡的压力拱,即为锚固平衡拱。赵庆彪[85]提出锚杆—锚索协调支护原理,认为在软弱破碎围岩条件下,为避免因锚索延伸量超过极限而破断,在巷道开挖初期,以锚岩支护体柔性支护为主,后期发挥锚索的悬吊作用,二者相互取长补短,发挥各自的优势,将锚岩支护体与锚索的力学特性有机地结合在一起。

周华强[86]、侯朝炯等根据巷道支护对围岩作用过程的特点,提出了锚杆支护与限制作用理论的新概念,重新确定了巷道支护的对象、围岩稳定条件和支护与围岩的相互作用机制,建立了利用弹塑性极限分析方法计算巷道支护限制作用力和稳定作用力方程。康红普[87]首次提出了支护应力场的概念,计算了预应力锚杆等支护体在围岩中产生的应力场,分析计算了锚杆杆体、托板及钢带等支护构建中的应力大小与分布特征;有的学者通过数值模拟研究发现穿过非连续面的锚杆不仅具有横向加固作用,还会产生"导轨作用"[88],并通过物理模拟,进一步验证和研究了锚杆的"导轨作用"效应[89],锚杆"导轨作用"效应导致岩体沿非连续面产生分离现象,对非连续岩体的抗剪力学特性产生负面影响,可能造成工程失稳。陈庆敏等[90]提出了基于高水平地应力的"刚性"梁及基于垂直地应力的"刚性"墙理论,该理论强调锚杆预拉力对巷道稳定性的作用,认为在锚杆高预拉力作用下可使巷道顶板或两帮加固成类似于"刚性"的梁或墙,转化高水平地应力或垂直应力的负面影响,最大程度地保护巷道顶板不受破坏。

综上,学者应用弹塑性理论、结构力学理论等研究成果,并进行一定的简化与假设,针对具体生产技术条件下的巷道围岩控制技术特点,提出了相应的理论或假说,较好地解释了锚杆支护在一定条件下的支护作用,特别是重视锚杆或锚索在提高围岩强度中的不同作用,以及锚杆支护中的"消极"作用,使得对锚杆支护作用机理有了更加深刻的认识。

1.2.2.2　锚杆支护技术发展现状

锚杆支护技术是目前煤矿巷道围岩控制中一种行之有效、经济效益好的巷道维护技术,极大推动了煤矿巷道围岩控制技术的进步和发展,是实现煤矿高产高效的关键技术手段之一。锚杆支护技术在国外重要的产煤国家得到了广泛应用,其中以美国、澳大利亚最为典型,这与他们煤层地质条件比较简单、埋藏浅以及国家重视该项技术密切相关,形成了从支护设计、配套施工机具、适用于不同条件的系列锚杆支护产品和可靠的监测手段等成套支护技术体系,整个体系较为科学、安全和可靠[91]。欧洲一些主要采煤国家早期巷道支护以金属支架为主,但随着巷道支护难度加大和支护成本的不断增加,英国、德国等先后引进了锚杆支护技术。英国 1987 年从澳大利亚引进了成套的锚杆支护技术,而之前 90%以上的巷道采用金属支架支护,经过 20 多年的发展,目前锚杆支护比例超过 80%。德国是 U 型钢支架使用最早、技术上最为成熟的国家,支护比重达到 90%以上,但是自 20 世纪 80 年代以来,矿井开采深度的日益加大而导致的巷道维护难度逐步增加,巷道支护成本增高,而且施工、运输更加困难和复杂,20 世纪 80 年代,鲁尔矿区试验锚杆支护技术获得成功并随之在德国推广应用,目前已成功应用到千米深井巷道中。法国的锚杆支护技术也得到了较为快速的发展,到 1986 年锚杆支护比重已达 50%。俄罗斯的锚杆支护技术发展同样令人瞩目,他们研制了多种类型的锚杆,在库兹巴斯矿区锚杆支护所占比例已达 50%以上[1]。

我国自 1956 年开始在煤矿岩巷中使用锚杆支护技术,目前它已成为岩巷的主要支护形式。20 世纪 60 年代锚杆支护技术开始进入采区,但煤层巷道围岩力学性质较差,特别是受采动影响后围岩变形量大,以及当时的施工工艺、机具、理论发展水平等主客观条件的限制,影响了锚杆支护技术在回采巷道中的推广应用。20世纪 60 年代中期至 80 年代初期,是我国煤巷锚杆支护的起步阶段,其间锚杆支护以钢丝绳水泥砂浆锚杆、水泥锚固剂端头锚固锚杆等为主要代表;20 世纪 80 年代中期至 90 年代中期,国家"七五"和"八五"科技攻关项目将锚杆支护确定为软岩支护攻关课题之一,其间出现了锚网和锚梁网的组合锚杆支护技术,并引进了美国杜邦公司的树脂锚固剂生产线,使用树脂锚固剂代替水泥锚固剂,极大提高了锚固效果和施工质量;1995 年,原煤炭部又将煤巷锚杆支护技术列为"九五"重点科技攻关项目,研究重点集中在Ⅳ、Ⅴ类等复杂条件下的煤巷巷道中,其间引进了澳大利亚成套锚杆支护技术,并在邢台矿区东庞煤矿进行了成功应用,是我国煤巷锚杆支护技术发展的全新阶段,扩大了锚杆支护技术应用范围,并为锚杆支护技术在全国范围的推广应用起到了积极作用,形成了锚杆支护技术体系,包括锚杆材质的选择、支护质量的监测与反馈等[1,92]。

1.2.3 水作用下巷道锚固结构弱化机理及其控制技术

何川、谢红强[93]认为地下水赋存状态和运动对隧道围岩稳定性具有重要影响,并指出地下水作用在隧道围岩与支护结构上的作用力主要以渗流体积力和动水压力为主。陈宗基[94]指出对于膨胀岩或不稳定的巷道而言,水是一个决定因素,应尽可能有效地防止水渗入岩石裂隙中。岩体的强度随着时间的增加而降低,但地应力却仍保持不变,对于具有膨胀性的岩石而言,如果不采取排水措施,遇水膨胀的矿物将产生裂隙,而裂隙越多,吸收的水分也越多,膨胀就更厉害,岩体就愈松动,如此反复恶性循环,巷道的稳定性将越来越差。由于岩石的弹性回弹和蠕变恢复以及应力扩容,岩石结构会因空隙的形成与瓦解,水分将被吸入而产生膨胀和润滑作用,从而导致整体结构的逐步弱化和破坏[95]。

目前国内针对水作用下巷道的维护多采用组合控制技术,许多学者做了大量的研究。许兴亮、张农[5]研究了水作用下泥化软岩巷道变形规律,提出泥化软岩巷道的动态过程控制技术。高明仕等[96]指出伪硬顶高地压水患巷道,最核心的问题是治水,并提出了"三区三顶三支护"围岩综合控制思想及技术。韦立德等[97]开发了一个考虑渗流场和由于含水量变化引起岩土体强度参数降低及锚杆支护作用的三维强度折减有限元程序,该计算模型能够考虑锚杆和岩土体间黏结力不够的锚杆失效形式;黄乃斌等[98]针对交叉点断面大、顶板淋水大等实际情况,对交叉点顶板采用化学浆液加固封堵顶板水和锚索补强支护等技术措施有效控制了其稳定性。汪班桥等[99]通过黄土土层锚杆抗拔模型试验研究得出锚杆的预应力损失主要是由于锚固段土层的蠕变引起的,且土体的蠕变性与土体含水量呈正比,并据此提出注意排水、补偿预应力损失等措施以补偿损失的预应力。朱维申等[100]针对大岗山水电站地下厂房稳定性,利用 FLAC3D 对其进行了流固耦合计算分析,得出流固耦合作用导致岩体强度降低、变形增大,认为运行期间的硐室稳定计算考虑流固耦合十分必要的,并据此提出了相应的加固措施,有效控制了大岗山水电站地下厂房的稳定。李国富等[101]研究了泥质类膨胀岩在多种条件下的孔隙比与渗透系数关系,发现通过对膨胀岩注浆强化可降低孔隙比和减少渗透系数,为膨胀岩注浆防水提供了依据。

对于采用树脂锚杆支护的巷道,水岩相互作用过程中,对围岩锚固结构的影响主要体现在动态水流过程中,使得围岩锚固用的树脂遇水后其反应物凝结性降低,致使锚杆(索)的黏结力降低,易于引起锚固失效,而且水对巷道围岩中的支护材料如锚杆(索)体等金属构件的锈蚀作用,在一定程度上降低了支护材料本身的力学性能[102-104]。朱行宝等[105]提出当树脂锚杆支护巷道穿过含水地层时,必须对含水地层进行预先处理,通过注浆封堵围岩裂隙,将承压水阻止在浆液凝固半径以外,既提高了围岩的刚度和整体性,又保证了锚杆支护质量。勾攀峰等[106,107]通过现场实测和实验室试验研究了钻孔淋水对树脂锚杆锚固力的影响因素,得出随着顶板淋水量的逐步增加,顶板锚杆的锚固力呈逐渐下降趋势,同时,孔壁温度的升高也会降低树脂锚杆的锚固力。张玉军[108]通过有限元程序模拟了水—应力耦合作用下洞室的锚杆支护效果,发现在有地下水赋存的条件下,锚杆的作用仍主要是约束围岩位移,但比无水时有所减弱。薛亚东等[109]通过实验室试验研究得出水对锚固力的影响具有双重作用,水既有助于锚固剂反应更均匀,亦可降低锚固黏结强度。

根据不同机理,钢筋腐蚀一般可分为应力腐蚀、氢脆、化学腐蚀和电化学腐蚀,而煤矿巷道中水对锚杆的腐蚀主要以化学腐蚀为主。锚杆支护体系中金属网、钢托板以及钢筋梯、钢带等均受到水的侵蚀作用,削弱了支护系统的刚度和强度。工程实践表明,在短时间内,水对锚杆支护体系金属构件的影响较小,而随着时间增加这种影响作用将更加明显;水对锚杆支护体系的树脂锚固剂锚固强度影响较大,主要体现水作用下树脂凝固时间加长、有效反应树脂量减少等。

随着岩体力学、机械制造等领域理论、科技水平的不断发展和进步,锚杆支护技术呈现向高强、超高强锚杆支护技术体系发展的趋势,锚杆支护技术的应用范围不断扩展,为矿井的高效安全开采提供了有力保障。而关于水作用下巷道顶板稳定控制机理及技术,目前已有的结论主要侧重于水对岩体力学性质及锚固效果的静态影响,而从工程角度出发综合考虑水作用过程中围岩强度动态弱化规律、围岩失水破坏的时间效应及其如何实现顶板稳定性控制这方面的研究还比较欠缺,极大地影响了富水巷道锚杆支护技术的发展。

1.3 本书的主要研究内容

（1）富水巷道工程地质特征及破坏规律。现场详细调研该类巷道工程地质概况，分析引起巷道变形失稳的因素，为实验室试验、围岩控制机理及技术的提出奠定基础。主要包括巷道围岩顶底板岩性分析、顶板水赋存状况分析、巷道顶板变形破坏影响因素以及巷道顶板遇水前后宏观变形破坏规律等。

（2）水作用下岩石物理力学性质变化规律研究。利用环境扫描电镜和 X 射线衍射仪，测试分析富水巷道顶板软弱岩层和含水砂岩矿物组分、胶结方式、孔隙分布特征以及主要黏土矿物成分；利用崩解和膨胀仪测试巷道顶板软弱岩层崩解、膨胀特性，掌握富水巷道顶板岩石遇水后物理性质弱化规律，揭示水作用下顶板强度弱化的内在影响因素。

（3）含水砂岩强度损伤、声发射特征及渗透性试验研究。通过实验室试验测试含水砂岩不同含水状态下弹性模量、单轴抗压强度等变化规律，掌握水作用下含水砂岩强度、变形与含水率之间的定量关系；结合煤岩声发射测试系统，研究不同含水状态下含水砂岩全应力应变过程中声发射脉冲数、能量变化规律，掌握水作用下含水砂岩失水过程中强度弱化的动态变化过程；利用 MTS815.03 型电液伺服岩石力学试验系统研究含水砂岩三轴压缩及渗透性变化规律，掌握其饱水状态下的三轴压缩及渗透性参数。通过以上研究，为进一步研究水作用下顶板强度弱化的机理及建立巷道围岩控制及监测技术体系奠定基础。

（4）建立富水巷道围岩弹塑性理论研究模型，研究顶板水流动规律及顶板强度弱化机理。利用弹塑性理论推导深埋圆形富水巷道塑性区半径及位移计算公式，并分析影响富水巷道围岩变形的因素;结合现场钻孔探测分析和多场耦合数值分析软件 COMSOL3.5a 研究富水巷道顶板水的流失规律和流动特点,以及固流耦合作用下水的动态流失过程中顶板渗流场、位移场变化规律,掌握顶板水的流动规律,分析引起巷道顶板强度弱化的机理,为采取合理的围岩控制技术措施提供理论依据。

(5) 富水巷道顶板稳定的控制技术体系研究。在以上研究的基础上,分析提出控制顶板失水进程、削弱其影响、强化岩体锚固效果、实现顶板稳定的不同顶板条件下分阶段控制技术体系。主要包括有控疏水技术和合理保水技术原理、富水巷道断面优化和水作用下合理锚杆支护技术参数的确定,以及富水巷道顶板稳定性预测预报技术原理等。

2 富水巷道顶板失稳破坏特征及分类研究

　　岩体是一种天然形成的复杂的地质介质,而非一种性质单一的工程材料,所以在岩体中修建或开掘地下工程要受到一系列自然的特别是地质条件的影响,同时也和工程本身的性质及特点有关[110]。为了能够既经济又安全地使用煤矿巷道,首先要了解和掌握矿井的工程地质条件,以及影响工程稳定的主要因素,抓住事情的主要矛盾,并围绕这些关键因素进行分析和思考,从而正确地指导现场设计和施工。本章以神华宁煤集团鸳鸯湖矿区梅花井矿和清水营矿侏罗系延安组富水巷道为研究对象,现场调研分析其工程地质特征和在受顶板水影响作用下巷道围岩变形破坏特征并初步分析引起该类巷道顶板变形破坏的影响因素,提出富水巷道的含义,并对其顶板进行分类,为进一步开展实验室试验研究、理论分析研究和数值计算奠定基础。

2.1 工程地质及变形破坏特征

　　神华宁煤集团除灵武矿区和正在进行矿井技术改造的石炭井矿区、石嘴山矿区外,在宁东还正在规划和建设鸳鸯湖矿区、横城矿区、马家滩矿区和积家井矿区,2010 年原煤产量已突破6 000 万 t,生产、在建规模超过了 1 亿 t,为我国国家批准建设的13 个亿吨级大型煤炭基地之一。其中,鸳鸯湖矿区包括位于矿区中部的梅花井煤矿、北部的清水营煤矿、南部的麦垛山煤矿、中部的石槽村煤矿和中南部的红柳煤矿共五对矿井,在该矿区的主采煤层包括 2 煤、4 煤、6 煤和 10 煤等,其中矿区前期以开采 2 煤和 4 煤为主,而且在不同地段 2 煤和 4 煤又分别分叉为 2—1 煤、2—2 煤和 4—1 煤、4—2 煤,地层综合柱状见图 2-1。

鸳鸯湖矿区目前已投产的梅花井矿、清水营矿沿 2 煤和 4 煤顶板布置的大巷或回采巷道,不同程度地存在因受水影响而巷道顶板呈现出大变形、易于失稳的情况,给矿井的安全生产带来了一定困难。目前,富水巷道顶板的稳定性控制已成为该矿区矿井安全高效生产亟待解决的关键问题之一。

2.1.1 水文地质特征

矿区按含煤组、岩性组合、含水层水力性质及埋藏条件等,由上而下划分为两个主要含水层组:第四系孔隙潜水含水岩组、侏罗系含水层组。其中侏罗系含水层组又分为四个含水层:直罗组砂岩裂隙孔隙层间承压含水层、2 煤~6 煤间砂岩裂隙孔隙层间承压含水层、6 煤~18 煤间砂岩裂隙孔隙承压含水层组和 18 煤以下至底部分界线砂岩含水层组。其中对矿区 2 煤和 4 煤开采产生直接影响的含水层组分别为直罗组砂岩裂隙孔隙层间承压含水层下段(又称七里镇砂岩含水层)和 2 煤~6 煤间砂岩裂隙孔隙层间承压含水层上段(2~4 煤段)。

已有的探测结果表明,侏罗系直罗组砂岩裂隙孔隙层间承压含水层下段单位涌水量为 0.42~0.003 6 L/(s·m),地下水矿化度小于 3.0 g/L,水质类型为 $HCO_3 + Cl—Na$ 型。岩性以粗砂岩为主,中砂岩次之,泥质胶结,颗粒支撑,胶结程度较差,结构疏松,遇水振荡可散,锤击易碎,有时手捻可散。该层底部砂岩较稳定,富水性弱~中等,遇水冲击呈松散状。2 煤~6 煤间砂岩裂隙孔隙层间承压含水层岩性由灰、灰白、深灰色不同粒级的砂岩、泥岩和煤层组成,层位较稳定,该含水层可划分为上段(2~4 煤间)、下段(4~6 煤间)含水层,含水层富水性属极弱~弱含水层,岩性以灰、灰白色中、粗砂岩为主,钙、泥质胶结,坚硬,颗粒支撑。在原始状

地层时代				柱状	煤层编号	岩性描述及地质特征	水文地质特征
界	系	统	组				
新生界	第四系 Q					矿区内广泛发育，底部为白垩系砾岩风化残留卵砾石和钙质结核；中为洪积的黄沙土；顶板为现代风积沙丘及沙土层	第四系孔隙潜水含水层组，地下水主要赋存于风积沙、小型洼地及沟谷冲洪积水中。分为风积沙潜水层、风积-冲洪积潜水层
	古今系 E					岩性由紫红色黏土、砂质黏土，泥质为主，局部夹少量砂砾石，不整合于下伏各老地层之上	
中生界 M₂	侏罗系 J	上统 J₃	安定组 J₃a			为一套干燥气候相下河流、湖泊相沉积，俗称"红层"，岩性主要为棕褐、灰绿、紫红、浅黄、红色泥岩、粉砂岩、砂质泥岩，局部夹薄层泥岩和砂质泥岩	直罗组砂岩孔隙层间承压含水层组，岩性以中、粗粒砂岩为主，泥、钙质胶结，颗粒支撑，胶结程度差，松散-较松软，是影响矿区的主要含水层，划分为上含水层组及下含水层组。上含水层组指底部砂岩含水层隔水顶板以上含水层，以风化中、粗砂岩为主，泥质胶结，颗粒支撑。下含水层组以直罗组底部砂岩含水层为主，岩性以粗砂岩为主，中砂岩次之，岩性较松软，泥质胶结、结构疏松
		中统	直罗组 J₂z			为一套干旱及半干旱气候条件下的河流-湖泊相沉积，岩性上部以紫红、浅棕紫、灰绿色泥岩、粉砂岩、细粒砂岩为主，中部以灰绿、浅灰绿、蓝灰夹紫红色粉砂岩、细砂岩、粗粒砂岩，下部以蓝灰、浅灰绿、浅灰、灰白色细粒砂岩、粗粒砂岩、粉砂岩，局部夹泥岩，底部有一层灰、灰白色，有时略带红色粗粒砂岩，含小砾石，与下伏地层假整合接触	
			延安组 J₂y		2-1	延安组顶部，从4煤顶板到含煤地层的顶界，由下部向上变粗的三角洲充填和上部的向上变细的河流充填2个层序构成。其中2煤组分叉为2-1煤和2-2煤，2煤在合并区内全部可采，2-1煤在分叉区大部分可采，2-2煤分叉区全部可采，3煤大部分可采。岩性以灰白色细、中粒砂岩为主，局部含大量植物根、茎叶化石。灰、深灰色粉砂岩、泥岩，具波状、水平层理，黑色煤层局部夹薄煤层	2煤~6煤间砂岩裂隙孔隙层间承压含水层组，岩性由灰、灰白~深灰色不同粒级的砂岩、泥岩和煤层组成，层位稳定，含水层可划分为上段（2~4煤间）、下段（4~6煤间）含水层
					2-2		
					3		
					3_F		
					4-1		
					4-2	延安组上部，从4煤顶板至6煤顶板，由2个三角洲充填层序构成。6煤层分叉为6-1煤和6-2煤，6煤在合并区全部可采，6-1煤分叉区全部可采，6-2煤局部可采。岩性上部以黑色薄煤层及煤线、黑灰、灰黑色泥岩，粉砂岩、细粒砂岩为主，中部以灰黑色泥岩、深灰、灰白色中、细粒砂岩、粉砂岩，黑色煤层为主，可见植物茎叶化石，下部粒度较粗，主要为深灰、灰白色、含砾粗粒砂岩，粉砂岩，岩性由上向下逐渐变粗	

图 2-1　地层综合柱状图

态下,含水层水文地质条件简单,富水性弱,但顶部 2 煤开采后,该含水层水文地质条件发生较大变化,与直罗组底部砂岩含水层地下水产生较密切的水力联系,含水层富水性增强。

　　根据物探资料、岩性分析及岩石鉴定资料,隔水层以低阻、高密度的粉砂岩、泥岩为主。本区侏罗系为陆相地层,岩性、岩相变化较大,地层多为中细砂岩与粉砂岩、泥岩互层,特别是煤层顶底板多由泥岩及粉砂岩组成,岩性致密,和煤层本身形成良好的隔水层。直罗组底部砂岩含水层顶板隔水层是第四系含水层、侏罗系直罗组上段(包括风化岩石含水层)与直罗组底部砂岩(七里镇砂岩)含水层之间的隔水介质,该隔水层岩性以粉砂岩、泥岩为主,分布较为稳定,夹有少量薄层细粒砂岩。2 煤~6 煤含水层顶板隔水层主要为 2 煤和 3 煤本身及顶底板泥岩、粉砂岩互层隔水层,该层局部夹中、细砂岩薄层。当 2 煤开采后,隔水层性质发生较大变化,2 煤顶板随采随落,形成了广泛分布的采空区,裂隙、孔隙增大,隔水性能变差,使得含水层之间联系密切,但由于 2 煤~6 煤之间含水层为砂岩与泥岩、粉砂岩互层较多,其影响程度有限。

2.1.2　顶板力学性质及赋存特征

　　(1) 2 煤组

　　鸳鸯湖矿区 2—1 煤和 2—2 煤顶板岩石强度低,且抗水浸、抗风化和抗冻能力较差,易软化,岩石坚固性和抗变形能力差,为不稳定岩层,属易冒落的松散顶板。其中目前正在回采的梅花井 112201 工作面两巷、清水营回风斜井及 110201 工作面两巷等分别沿 2—1 煤、2—2 煤和 2 煤掘进。

　　112201 工作面 2—1 煤煤层厚度 0.71~2.96 m,平均 1.53 m,直接顶多为粉砂岩和粉砂质泥岩,泥质胶结,单轴抗压强度天然状态下为 0.32~2.63 MPa,饱和单轴抗压强度为 0.05~0.28 MPa,抗水浸能力差,易软化和风化,强度低,为不稳定岩体;基本顶为侏罗系中统直罗组底部砂岩,岩性以粗砂岩为主,中砂岩次之,厚 17.59～82.50 m,平均 42.94 m,为影响矿井开采的主要含水层。根据钻孔探测资料和 112201 掘进期间揭露情况,2—1 煤直接顶距基本顶侏罗系中统直罗组底部砂岩含水层的平均距离为 3.34 m,见图 2-2。

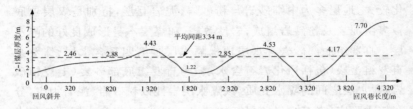

图 2-2　112201 回风巷顶板与含水层距离示意图

　　梅花井矿初步设计将首采面 112201 工作面布置在 2—1 煤中。在掘进 112201 工作面两巷期间,由于煤层顶板距离含水层近,锚杆、锚索孔直接导通含水层,顶板普遍淋水,底板遇水膨胀、泥化,造成综掘机行进困难,两巷揭露初期即迅速发生变形、离层。观测结果表明,局部地段巷道揭露 7 日内,顶板下沉最大达 1 000.0 mm 以上,平均 624.0 mm,巷道普遍出现不同程度的破坏,顶板泥化、膨胀、钢筋网、钢带、锚杆托板发生较大变形。两巷先后发生 4 次冒顶,冒落高度最高达 6.3 m,长度达 20.0 m,见图 2-3。直接顶冒落后,基本顶松散的粗砂岩直接涌水并不断溃散,类似流沙。112201 工作面回风巷掘进 120 m 范围内,涌水量为 5.0～8.0 m³/h。后期掘进中,巷道多处出现涌水点,其中 120.0～310.0 m、390.0～560.0 m 范围内出现区域性集中淋水,涌水量为 20.0～24.0 m³/h,导致掘进工作面综掘机陷入泥水中行进困难,作业条件极差;巷道掘进至 597.0 m 时,实测涌水量为 30.0 m³/h,给正常的掘进生产工作带来很大困难。

图 2-3 巷道冒顶与片帮

由于在现有开采技术条件下,首采工作面开采 2—1 煤层存在严重安全隐患,不具备开采条件,后将首采工作面布置在 2—2 煤中。2—2 煤与 2—1 煤平均层间距 4.9 m,见图 2-4。

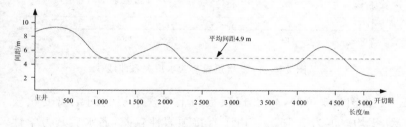

图 2-4 2—1 煤和 2—2 煤间距

112201 工作面开采范围内,2—2 煤厚 1.9~4.08 m,平均 3.4 m。2—2 煤层顶板多为粉砂质泥岩,次为细粒砂岩及泥岩,少量的中、粗粒砂岩,强度中等。影响 2—2 煤开采的主要含水层仍为直罗组砂岩裂隙孔隙层间承压含水层,2—2 煤层顶板距该含水层为 0.0~15.93 m,平均 8.6 m。将首采面布置在 2—2 煤中,可以在一定程度上减少上覆含水层对巷道掘进和工作面回采过程中的影响,提高煤炭回收过程中的安全可靠性,特别是对巷道掘进期间的围岩稳定控制具有重要意义。

（2）4 煤组

4—2 煤直接顶多为粉砂质泥岩、粉砂岩，浅灰色，含较多白云母片，局部夹细砂岩，性脆，具水平理理，岩石完整。基本顶为 2 煤～4 煤间砂岩裂隙孔隙层间承压含水层底部粗砂岩，平均厚度 7.16 m，根据钻孔探测资料和掘巷期间获得的数据推断出 4—2 煤与上覆粗砂岩含水层位置关系曲线，见图 2-5。

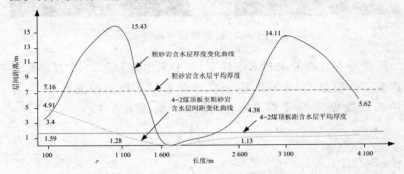

图 2-5 4—2 煤顶板与含水层关系曲线

由图 2-5 可知，4—2 煤顶板与上覆含水层之间距离变化较大，平均厚度为 7.16 m。由于直接顶岩性较差，遇水后其力学性质将发生较大变化，而正常的支护与巷道开挖产生的力学与物理效应易于连通上覆含水层，为巷道正常的掘进与后期维护带来了很大困难。4—2 煤巷道掘进期间，受上覆 2 煤～6 煤间砂岩裂隙孔隙层间承压含水层上段含水层的影响，巷道顶板淋水较大，锚固结构强度弱化，从而引发了多起顶板冒顶事故的发生，见图 2-6 和图 2-7。

综合分析认为，鸳鸯湖矿区目前正在回采的 2 煤和 4 煤，巷道顶板由软弱岩层和含水砂岩组成，当受到开采扰动后及在锚杆、锚索钻孔人为构筑弱面影响下，含水砂岩与软弱岩层之间易于建立水力联系，改变了原有岩体的含水状态。在水作用下岩石的物理

图 2-6　4—2 煤顶板泥化、锚杆孔出水

图 2-7　4—2 煤顶板冒顶

力学性质弱化,导致顶板岩体的强度下降甚至诱发冒顶事故的发生。为此,掌握软弱岩层及含水砂岩组分及微结构特征、水作用下物理性质力学性质变化规律、岩石强度的损伤特征,以及岩石的渗透规律等对于研究该类巷道顶板强度弱化机理及其控制具有重要意义。

2.1.3　地下水的补给及排泄条件

本区无地表径流、水体,地下水补给来源主要为大气降水,其次为含水层之间的越流补给。基岩含水组中直罗组砂岩含水层上段,由于直接受第四系地下水补给影响,岩层富水性较好,水质变化较大。直罗组砂岩含水层下段,受第四系含水层间接补给,富水性及水质随埋藏深度、隔水层厚度、泥质含量、沉积环境影响而发生变化。侏罗系含煤地层各含水层组,由于埋藏深,上覆有较厚的隔水层,含水层岩性多为砂岩与泥岩、粉砂岩等隔水岩层,呈互层状,因此,除露头及浅部受第四系直接或间接补给外,井田深部大部分补给、径流条件较差。深部由于水的交替能力差,径流极为缓慢,甚至几乎不动,加之地层的非均一性,因而地下水矿化度较高,矿井充水程度弱,水量小,富水性弱。

2.1.4 巷道顶板遇水后变形破坏特征

下面以梅花井矿回采巷道和清水营矿回风斜井为例,总结分析水作用下富水巷道顶板变形破坏特征。

2.1.4.1 梅花井矿 112201 工作面两巷

现场分析了梅花井矿 112201 工作面运输巷和回风巷水作用下顶板变形破坏特征,并进行了统计分析,见表 2-1 和表 2-2。

表 2-1   112201 工作面运输平巷顶板遇水后变化状况

巷道名称	距巷道开口距离 /m	说　　明
运输平巷	0~50	进入巷道 20 m,支设单体支柱。该段巷道干燥,无淋水现象
	50~100	50 m 处向前 3 排局部锚杆孔淋水,锚索梁有弯曲变形的现象。在 100 m 有两处淋水,呈流水状,顶板泥化、下沉
	100~150	多处淋水,架工字钢棚约 30 m 长。锚索有锈蚀现象,且锚索孔中有滴水,在 140 m 处发生冒顶事故
	150~200	150 m 向里锚索孔有出水现象,锚索锈蚀,其中在 180~200 m 段顶板风化破碎情况出现较多

巷道名称	距巷道开口距离/m	说　　明
运输平巷	200~250	200~220 m 段打单体支柱,顶板局部有滴水,锚索锈蚀;220~250 m 段巷道干燥,顶板、底板无水,完整性较好
	250~350	250~260 m 段顶板网后漏空,顶板靠近低帮处有不间断流水现象。260~350 m 段顶底板干燥
	350~400	顶板个别锚索有轻度滴水现象,底板无积水
	400~500	顶板有流水现象,底板积水,顶板下沉较大,且在 480~510 m 段顶板中央原两排锚索之间补打一根单体锚索
	500~550	500~510 m 段底板干燥;510~520 m 段顶板呈有流水现象,靠近高帮的顶板呈流水状;520~550 m 段顶板滴水,底板泥泞,积水严重;从 520 m 向里锚索排距由 2 700 mm 变为 1 800 mm
	550 至迎头	550~560 m 段底板积水严重。超过 100 mm,顶板轻微滴水。560~565 m 段顶板淋水,已安装未张拉的锚索孔有出水现象。565 至迎头顶板干燥,底板无积水

表 2-2　　112201 工作面回风平巷顶板遇水后变化情况

巷道名称	距巷道开口距离/m	说　　明
回风平巷	0~50 m	15~25 m 段顶板锚杆孔有滴水现象,底板无积水;25~50 m 段顶板较干燥,无淋水现象
	50~100 m	顶板锚索孔有滴水现象,底板无积水,顶板泥化
	100~150 m	顶板有滴水现象,底板上无积水
	150~200 m	顶板基本无水,底板也无积水。从 150 m 处在巷道中间打点柱 25 根,顶板原锚索间补打锚索,沿巷道轴向布置,两根锚索间距 1 m 用槽钢相连,沿巷道宽度方向布置 3 排

巷道名称	距巷道开口距离/m	说　明
回风平巷	200～300 m	顶板干燥无淋水,底板无积水。210～300 m 处的顶板在原锚索间补打锚索,沿巷道宽度方向为 2 排,靠近高帮处两根锚索间距 1 m 用槽钢相连;靠近低帮的为单体锚索,用 500 mm 的槽钢作为托盘
	300～350 m	300～310 m 段锚杆孔有淋水现象,底板无积水;310～320 m 处顶板有淋水;在 350 m 附近顶板有流水,且出现风化掉皮现象,底板有积水
	350～400 m	顶板干燥,底板无积水
	400～500 m	400～420 m 段顶板基本完好,风化不严重;420～425 m 段顶板淋水严重,不间断滴水;425～435 m 段顶板无淋水,在顶板原锚索间补打一排单体锚索,距低帮 1.5 m;435～450 m 顶板靠近高帮、低帮的锚索孔有出水现象,不间断淋水,底板有积水
	500～550 m	500～520 m 段顶板干燥,底板无积水;520～550 m 段顶板有淋水,底板有积水;锚索排距从 540 m 处向里变为 1 800 mm

从表 2-1 和表 2-2 可以看出,顶板淋水以及巷道变形呈现如下规律:

(1)巷道顶板失水吸水后风化现象明显,顶板强度弱化。运输巷入口到 350.0 m 范围内,风化较严重,顶板掉皮,漏空情况较多;350.0 m 向里至迎头(掘后约 1 个月时间),除个别地方外,风化不甚明显。回风巷入口到 400.0 m 范围内,风化较严重,顶板掉皮,漏空情况较多,见图 2-8。

(2)巷道顶板渗水呈现区域性。将巷道出水情况划分为流水段、滴水潮解段、无水段。统计结果表明,在 112201 两巷中无水段

图 2-8 顶板风化

占巷道总长约 29.0%，滴水潮解段占巷道总长约 32.0%，不间断淋水、流水段约占 39.0%，见图 2-9。

图 2-9 顶板淋水

（3）巷道出水地点较为集中，且受水影响锚固结构承载能力降低明显。锚索孔出水现象较多，也有锚杆孔出水现象，有淋水处锚索钢绞线和锁具锈蚀较严重，锚索孔出水多为不间断滴水情况，锚索钢绞线和锁具锈蚀情况见图 2-10。

（4）巷道顶板遇水后泥化。巷道直接顶泥岩、粉砂质泥岩受水影响后，力学性质弱化，巷道顶板泥化和下沉现象明显。见图 2-11。

图 2-10 锚杆锚索腐蚀情况

图 2-11 顶板泥化与下沉

(5) 巷道顶板发生冒顶事故。冒顶段距 112201 运输巷开口约 140.0 m 处,该处巷道位于 2—1 煤中,冒顶地点和位置见图 2-12。该段巷道顶板冒顶前下沉严重,为防止顶板失稳,在该段巷道内先安设单体支柱但没能有效控制顶板下沉,决定将单体柱子换成Ⅱ形钢梁,冒顶事故发生在即将换Ⅱ形钢梁棚子段。

沿巷道轴向顶板冒落的剖面和巷道断面图见图 2-13。顶板冒落长度约 7.0 m,冒高约 3.2 m。冒顶处巷道顶板支护参数为 $\phi20\ mm\times2\ 200\ mm$ 的左旋螺纹钢锚杆,间排距 700 mm×900 mm,没有锚索。冒顶后顶板锚杆全部随冒落的岩石落下。但顶板肩部锚杆(即与岩面垂直方向成 15°角)没有落下。冒落后的顶板岩面平整,锚杆没有发现破断现象。

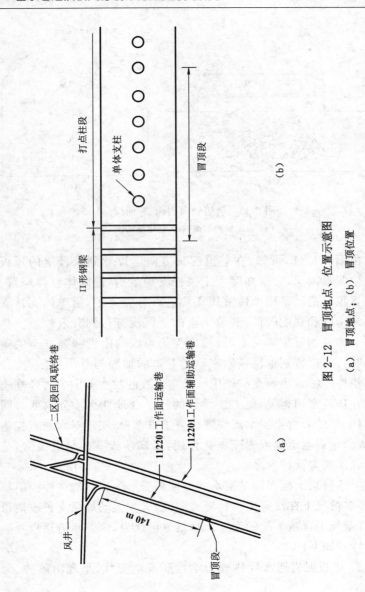

图 2-12 冒顶地点、位置示意图

(a) 冒顶地点;(b) 冒顶位置

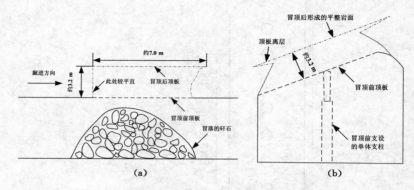

图 2-13　巷道轴向剖面、断面图

(a) 巷道轴向剖面；(b) 巷道断面图

　　由图 2-13(b)可知，在巷道迎头方向可以看到未冒落的顶板已发生明显离层，冒落高度大于锚杆支护范围，锚固体整体垮落。虽在冒顶之前已采用单体液压支柱进行补强支护，但单体支柱支护系统刚度和强度较低，巷道顶板的下沉没有得到有效控制。从现场观测到的冒顶情况来看，锚杆支护系统的刚度和强度至关重要，同时，还应特别重视锚索在该类巷道的加固与悬吊作用，充分发挥锚杆—锚索协调支护作用。冒顶事故的发生与围岩力学性质及赋存环境密切相关，但支护设计的科学合理性也十分重要。同时，对上覆砂岩含水层水流失规律应予以重视，实现对水的有控疏导，减少水对巷道顶板强度弱化作用，提高顶板整体承载能力，是控制冒顶的关键技术之一。

　　上述冒顶工程案例是富水巷道顶板变形失稳后的一种极限状态，很多情况下在没有发生冒顶之前，已人为主动加强支护或挑顶维修，避免了冒顶事故的发生。总结分析认为，该类巷道顶板变形失稳特点如下：

　　① 顶板泥岩遇水后物理力学性质发生变化，呈现出破碎、泥

化等形态。

②锚杆支护所依赖的着力基础变形、松动，产生扩容变形，锚杆与围岩间黏结力削弱，导致围岩变形的进一步加剧。

③含水砂岩在变形失水、吸水的动态变化过程中，强度降低幅度较大，而该层砂岩一般为锚杆、锚索的锚固基础，也是巷道顶板承载结构的关键岩层，其变形失稳的过程，决定了顶板的稳定状况。

④围岩控制技术参数缺乏针对性。该类巷道围岩的控制的难点在于如何减少水对岩石的影响，充分发挥围岩的承载能力。

2.1.4.2　清水营回风斜井

鸳鸯湖矿区清水营矿回风斜井沿 2 煤底板施工。2 煤顶板岩性总体由粗粒砂岩构成，次为粉砂岩、泥岩，厚度 0.57～71.09 m，平均厚度 11.55 m；侏罗系直罗组裂隙孔隙含水层，厚度 3.4～372.33 m，平均厚度 127.12 m，层位较稳定，渗透性强，导水性好，为主要影响 2 煤开采的含水层，对巷道的稳定维护带来了较大困难，巷道变形情况见图 2-14。

图 2-14　回风斜井变形情况

回风斜井施工至设计井口向下 852.0 m，共发生 4 次冒顶，每次发生冒顶处均出现顶板淋水现象，且淋水时间较长，并对其中的3 次进行了详细的统计，其变形破坏特征见表 2-3。

由表 2-3 可以看出，清水营回风斜井冒顶具有以下特征：

表 2-3　回风斜井冒顶情况统计

序号	冒顶区段	冒顶高度 /m	冒顶范围 (宽×长)/m×m	冒顶过程	层位及岩性	涌水量情况
1	+428.5~440.5	1.0	3.0×12.0	揭露成形后，工作面顶部垮落	揭露层位自下而上为：0.5 m 煤层，松软，易碎；0.5 m 细砂岩，泥质胶结，不稳定；基本顶为浅黄色砂岩	涌水点位于顶板，随工作面向前推移而移动。涌水量 4~5 m³/h
2	+499~515.2	1.5	3×3.5	距当时工作面 15.5 m，该段已完成全断面锚网及初喷封闭后发生裂隙及脱层后沉降，剪开网子处理掉包时，发生漏顶，并伴随涌水，水量稳定后为 6~7 m³/h	揭露层位自下而上为：0.5 m（厚 1.0 m，巷道破岩 500 mm）白色细砂岩，泥质胶结，稳定性差；上为 1.2 m 厚 m 灰色砂质泥岩，泥质胶结，层理发育；再上为 0.3 m 厚煤线，之上为浅黄色砂岩	涌水点从 0.3 m 厚煤线处产生。水量稳定后为 6~7 m³/h
3	+558~562.5	3.5	4×4.5	冒顶区距工作面 17.5 m，该段已完成全断面锚网及初喷封闭后先是裂隙及脱层之后出现下沉掉包，顶板发生整体垮落成截顶圆锥形冒顶区，冒顶区淋水为 2~3 m³/h	揭露层位自下而上为 1.2 m 厚白色细砂岩，泥质胶结，稳定性差；上为 1.6 m 厚 灰色砂质泥岩，泥质胶结，层理发育；再上为 0.5 m 厚煤线；基本顶为浅黄色砂岩	涌水从煤线上方的基本顶浅黄色砂岩层渗出，水量约为 2~3 m³/h

① 冒顶位置位于掘进工作面 0~20 m 范围内,这与掘进工作面围岩应力分布特征有关,一般而言,在工作面前方 5 m 到工作面后方 15 m 范围内应力分布的变化比较明显[111]。

② 直接顶为软弱岩层形成的复合顶板,遇水后产生泥化,失水后风化成碎块状,巷道顶板下沉掉包直至发生冒顶。

③ 基本顶为含水浅黄色砂岩,强度较低,完整性差。

④ 锚网喷等支护技术手段没有能够有效控制顶板位移,缺乏针对性。

综合分析认为:巷道掘进期间顶板淋水较大,而直接顶软弱岩层遇水后泥化、膨胀直至崩解,强度弱化现象明显,同时直接顶上部浅黄色中砂岩在失水吸水过程中易于沙化,在顶板动态水流作用下,该层砂岩完整性受到极大破坏,呈现"溃沙"现象。水作用下引起巷道顶板强度弱化,且随着时间增长,顶板被弱化的岩层范围逐步增大,从而引起巷道顶板整体下沉、顶部掉包、锚杆锚固力下降等,巷道顶板整体承载能力降低而诱发了冒顶事故的发生。

2.2 巷道顶板失稳破坏影响因素

通过对现场工程实践调查研究,总结分析认为该类巷道顶板变形失稳破坏的主要影响因素包括以下三个方面。

2.2.1 巷道直接顶由软弱岩层组成

巷道围岩物理力学性质在一定程度上反映了围岩的抗破坏能力,巷道围岩的物理力学性质越好,其抗破坏能力就越强。直接顶软弱岩层一般为粉砂质泥岩、泥岩组成,该层岩石结构松散、节理发育、强度低,遇水后物理力学性质受到削弱,表现为大变形、易于膨胀、崩解和风化,是巷道围岩变形失稳冒顶的重要组成部分,亦是巷道顶板变形失稳的起始位置。

2.2.2 巷道基本顶为含水砂岩

在巷道顶板一定范围内存在一层含水的砂岩,为中等～弱富水性。该层砂岩水不会造成矿井的大面积涌水,但却对巷道围岩的稳定控制能够产生很大影响。随着巷道开挖与锚杆、锚索钻孔的施工,易于与该含水层建立水力联系。当受采动影响而引起其裂隙发育、含水率发生变化,在历经失水吸水的反复作用下,该层砂岩完整性遭到破坏,强度弱化明显。在顶板水作用下,含水砂岩极易转化为不稳定岩层,增加了巷道顶板不稳定岩层的厚度,更加不利于巷道围岩控制。

2.2.3 巷道顶板控制缺乏有效性

目前针对富水巷道围岩控制多采用组合控制手段,一般先采用锚带网索支护,当顶板下沉较大或顶板淋水较大时,增加棚式支护、注浆支护等,以控制巷道围岩稳定。但是,这种被动的调整支护技术方案,不利于围岩的稳定控制,特别是当回采巷道长达5 000 m时,这种反复维修巷道的成本和强度将占据很大部分,更不利于矿井的可持续、和谐发展。水作用下该类巷道顶板强度弱化呈现明显的阶段性特点,且水的作用至关重要,而一般的巷道维护技术手段缺乏对顶板水流动规律及特点的研究。同时,很多具有该类问题的矿区,一般缺少相应的对巷道矿压规律的连续有效观测,缺乏科学数据的指导,更没有掌握该类巷道产生冒顶的机理及影响因素。而富水巷道顶板强度弱化具有明显的时空效应,连续、准确获得顶板变形失稳的前兆信息,并及时调整支护技术措施,是实现富水巷道顶板稳定的关键技术之一。

2.3 富水巷道的含义及其顶板分类

地下水是煤矿开采过程中必须要面对和解决的关键问题之一。各种水源的存在以及渗透通道的形成,是矿井充水的前提条件,煤矿开采引起的岩体性态变化起着阻止或加速水源向矿井运动的作用。目前根据矿井水对矿井正常开采的影响程度,以富水系数或者矿井涌水量为指标,将矿井充水类型分为充水性较弱、中等、强以及极强等四类[13]。本书所研究的富水巷道,与矿井充水类型划分有本质区别,富水巷道不以富水系数或者矿井涌水量为指标,而是以矿井水对巷道顶板稳定性的影响程度来定义的。富水巷道的研究对象为矿井水和巷道顶板岩石,研究内容为矿井水对顶板的强度弱化作用。

2.3.1 富水巷道含义及特点

根据前述有关富水巷道水文工程地质及巷道顶板变形破坏特征等研究成果可知,矿井水不仅弱化了巷道顶板强度,甚至引起巷道顶板锚固结构的变形失稳,水对该类巷道的稳定性具有决定性的影响作用。本书将在水作用下引起巷道顶板强度弱化,且对其稳定性产生显著影响的一类巷道统称为富水巷道。富水巷道水对顶板岩石强度的弱化原理见图 2-15。

由图 2-15 可知,富水巷道具有以下两个典型特点:

(1)富水巷道顶板由软弱岩层和含水砂岩组成。其中软弱岩层为隔水层,是富水巷道直接顶的主要组成部分,遇水后易于变形破坏;含水砂岩为富水巷道顶板水产生和补给的主要来源,且其物理力学性质较为软弱,是影响该类巷道顶板稳定的关键岩层。

(2)矿井水是富水巷道顶板强度弱化的关键因素,软弱岩层和含水砂岩之间相互作用。巷道开挖扰动等引起了直接顶板软弱

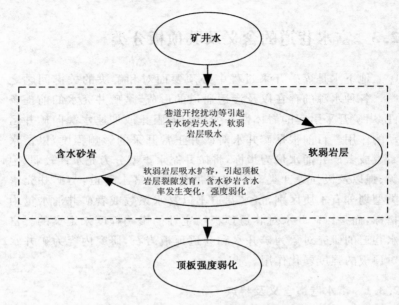

图 2-15　富水巷道顶板强度弱化原理

岩层的扩容而产生裂隙，为岩石颗粒与水分相接触提供了通道，水作用下软弱岩层发生破坏；而软弱岩层破坏导致巷道顶板岩层裂隙进一步扩展，引起含水砂岩含水率随之发生变化，在其失水或吸水过程中，含水砂岩强度显著弱化。水作用下，软弱岩层和含水砂岩强度弱化而引起巷道顶板变形失稳。

2.3.2　富水巷道分类

富水巷道顶板的稳定性与上覆含水层的层位和顶板岩性有很大关系，为此，提出以富水巷道顶板遇水前后物理力学性质特点、巷道顶板上覆含水砂岩赋存位置为指标的围岩分类方案，分为第Ⅰ类富水巷道和第Ⅱ类富水巷道。

（1）第Ⅰ类富水巷道：该类巷道的典型特点是直接顶为软厚

软弱岩层组成,该层厚度大于锚杆锚固长度 1~2 m 而小于锚索长度,锚杆支护后顶板含水层不易被连通。工程实践中表现为锚杆支护后顶板无淋水或渗水较弱、围岩完整性好,而随着围岩变形增加,顶板水将沿着锚索、锚杆孔及顶板裂隙渗水,在顶板水作用下,富水巷道易于变形失稳。

(2)第Ⅱ类富水巷道:该类巷道的典型特点是直接顶软弱岩层较薄,一般在 0~2 m 之间,巷道揭露后极易连通含水层,含水砂岩对巷道顶板稳定控制将产生重大影响。工程实践中呈现为大变形、淋水大且周期长,巷道难以维护。该类巷道亦是治理的重点和难点。

2.4 本章小结

通过现场实测和理论分析,主要得到了如下结论:

(1)通过现场实测分析,掌握了富水巷道顶板遇水前后变形破坏特征。巷道顶板淋水呈现区域性且出水点较为集中,巷道顶板遇水前较为完整,顶板下沉量不大。富水巷道顶板失稳破坏与顶板存在软弱岩层、上覆围岩为含水岩层以及巷道顶板控制缺乏有效性等相关。

(2)在现场调查富水巷道工程地质特征、变形破坏因素以及顶板强度弱化特征的基础上,提出了富水巷道的概念,并解释了其含义和特点。富水巷道是指水作用引起巷道顶板强度弱化,且对其稳定性产生显著影响的一类巷道的统称。富水巷道顶板由软弱岩层和含水砂岩组成,在顶板水作用下,软弱岩层和含水砂岩相互作用,引起巷道顶板强度弱化。

(3)以富水巷道顶板遇水前后物理力学特点、直接顶岩性以及顶板水赋存层位为依据,将富水巷道分为Ⅰ类富水巷道和Ⅱ类富水巷道。

3 富水巷道顶板强度弱化试验研究

实践表明:富水巷道顶板软弱岩层遇水后易于膨胀、崩解,物理力学性质软化现象明显,且含水砂岩失水、吸水过程中强度弱化明显,故在水作用下富水巷道顶板极易变形失稳。为此,本章拟通过对软弱岩层、含水砂岩矿物组分及微结构特征,及水作用下软弱岩层物理性质弱化、含水砂岩强度、变形损伤及声发射特征、渗透性规律等岩石物理力学性质变化规律的研究,为进一步探讨富水巷道顶板强度弱化机理奠定基础。

3.1 岩石组分与微结构分析

水对岩石的弱化作用导致岩土体变形、破坏等是其宏观上的表现特征,而这种宏观上的变化与其内部微结构的改变密切相关,特别是岩石矿物组分中含黏土矿物和其内部裂隙孔隙发育时,这种弱化现象更加明显。

3.1.1 软弱岩层矿物组分分析

(1) 试验仪器与条件

本试验在中国矿业大学分析测试中心进行,仪器采用日本理学(Rigaku)公司生产的 D/Max-3B 型 X 射线衍射仪,测试条件为 Cu 靶,Kα 辐射,石墨弯晶单色器;狭缝系统为 DS(发散狭缝):1°、RS(接收狭缝):1°、SS(防散射狭缝):0.15 mm,RSM(单色器狭缝):0.6°;X 射线管电压、电流分别为 35 kV、30 mA;定性分析采用连续扫描方式,速度为 3°/min,采样间隔 0.02°;定量分析采用步进扫描方式,扫描速度为 0.25°/min,采样间隔 0.01°。

（2）测试结果分析

定性分析利用粉末衍射联合会国际数据中心（JCPDS—ICDD）提供的各种物质标准粉末衍射资料（PDF），并按照标准分析方法进行对照分析。富水巷道顶板软弱岩层黏土矿物成分 X—衍射图和成分分析结果分别见图 3-1 和图 3-2。

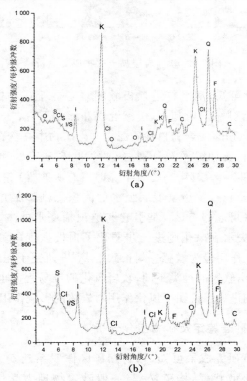

图 3-1　软弱岩层黏土矿物成分 X—衍射图
（a）泥岩；（b）粉砂质泥岩

K——高岭石；S——蒙脱石；I——伊利石；I/S——伊蒙混层；Cl——绿泥石；
Q——石英；F——长石；L——菱铁矿；C——方解石；D——白云石；O——其他

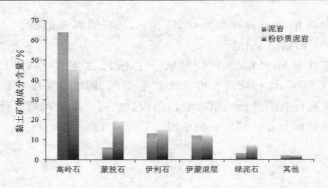

图 3-2　软弱岩层黏土矿物成分分析

由图 3-1 可知,富水巷道顶板软弱岩层黏土矿物中以高岭石为主,并含有蒙脱石、伊利石、伊蒙混层和绿泥石等。

由图 3-2 可知,泥岩和粉砂质泥岩黏土矿物中高岭石、蒙脱石及伊蒙混层、伊利石和绿泥石分别占 64% 和 45%、18% 和 31%、13%和 15%、3% 和 7%。其中高岭石干燥时具有吸水性(黏土),遇潮后有可塑性,而蒙脱石及伊蒙混层吸水后体积急剧膨胀并成糊状,水化后体积膨胀可超过 50%,是引起巷道顶板变形的主要因素。同时,软弱岩层失水后风化则进一步弱化了顶板强度,而黏土矿物中绿泥石对风化作用最为敏感。刘长武等[112-117]研究了泥岩等软岩风化的机理,指出软岩的种类不同,软岩风化的难易程度也不相同,并结合工程实例进一步说明了风化作用对岩体的影响作用。

3.1.2　含水砂岩鉴定及矿物组分分析

由第 2 章研究成果可知,鸳鸯湖矿区侏罗系延安组含水砂岩遇水冲击呈松散状、结构疏松,与一般砂岩物理力学性质差异较大,巷道开挖后在水作用下强度弱化明显,极大地削弱了顶板强度。为了掌握水作用下含水砂岩强度损伤的内在因素,对该类砂岩进行了鉴定与矿物组分的定量分析。

（1）鸳鸯湖矿区侏罗系延安组含水砂岩鉴定

砂岩由砂级陆源碎屑、杂基、胶结物和孔隙四部分组成,陆源碎屑包括岩石碎屑（岩屑）和碎屑矿物,如石英、长石、云母及重矿物等,组成岩石的格架。充填在岩石格架中的物质称为填隙物,包括杂基及胶结物。杂基是充填在格架内的细碎屑物质,主要是黏土和细粉砂。胶结物是充填在格架中起胶结作用的自生矿物,它们是陆源碎屑沉积后生成的,常见的有硅质、钙质、铁质和磷酸盐质等。孔隙是指未被陆源碎屑、杂基、胶结物所占据的空间。砂岩分类的主要依据为来源区的母岩成分、成分成熟度、结构成熟度、流动因素、构造运动、原生沉积构造、气候和风化作用、沉积期后变化等。本书采用中国矿业大学张鹏飞[116]教授在《沉积岩石学》中提出的砂岩分类方法。

现场调查研究表明,鸳鸯湖矿区侏罗系延安组含水砂岩主要分为两种,其实物和岩石薄片见图 3-3。

（a）

（b）

图 3-3　含水砂岩实物与岩石薄片

根据中国矿业大学岩石鉴定实验室提供的鉴定成果,含水砂岩分为粗粒泥质长石砂岩和中粒泥质长石岩屑砂岩,分别见表3-1 和表 3-2。

表 3-1　　　　　　　　　　　粗粒泥质长石砂岩岩石鉴定表

标本及薄片编号	1	标本特征简述	黑色,粗砂结构,粒度 0.5~1 mm 为主,少量细砾(大于 2 mm),块状层理;碎屑含量约 60%,其中石英 50%(包含燧石)、长石 50%;泥质胶结,胶结物含量 40%左右;碎屑分选较好,圆度中等;岩性疏松;命名:粗粒泥质长石砂岩			
岩石成分	碎屑物质 57%	分类端元	碎屑成分	含量/%	成分类型、含量/%	
			石英	53	单晶石英为主,一级灰白干涉色;燧石岩屑 3%;变质岩型多晶石英 10%	
			长石	46	正长石为主,一级灰干涉色,部分新鲜,部分由于黏土化而呈浅褐红或浅褐灰;其次为微斜长石、斜长石及少量条纹长石,这些长石均较新鲜	
			岩屑	1	花岗质岩屑,为长石和石英的集合体	
			云母		偶见水化黑云母,一组极完全解理	
			重矿物			
	填隙物 43%		杂基	98	单偏光下浅褐红色,泥质结构,主要成分为高岭石,具一级灰干涉色,内部夹杂伊利石类黏土,含量约 7%,具一级黄及以上的干涉色	
			胶结物	2	方解石,分散晶粒,粒度 0.05~0.1 mm,高级白干涉色	
			自生矿物			
结构特征	粒度特征		0.50~1.00 mm;75%;0.25~0.50 mm;20%;1~2 mm;5%			
	磨圆度		次棱角状为主	分选度		较好
	胶结方式		孔隙式胶结	颗粒接触方式		点状
	颗粒支撑方式		颗粒支撑	结构类型		粗砂结构
显微构造		显微均一构造				
成岩作用特征		压实作用—重结晶作用				
岩石综合定名		粗粒泥质长石砂岩				
成因简单分析		形成于快速堆积的沉积环境,杂基含量高达 40%,并且含伊蒙混层类黏土,吸水性及膨胀性强,导致岩石结构疏松				

表 3-2　　　　　　　　中粒泥质长石岩屑砂岩岩石鉴定表

标本及薄片编号				
2		标本特征简述		淡黄色,中砂结构,粒度 0.25~0.5 mm 为主,块状层理;碎屑含量约 70%,其中石英 50%(包含燧石)、长石 20%,岩屑 30%;泥质胶结,胶结物含量 30% 左右;碎屑分选较好,圆度中等;岩性较疏松;命名:中粒泥质长石岩屑砂岩

岩石成分	碎屑物质70%	分类端元	碎屑成分	含量/%	成分类型、含量/%
			石英	42	单晶石英为主,一级灰白干涉色;变质岩型多晶石英 5%
			长石	28	正长石为主,一级灰干涉色,部分新鲜,部分由于黏土化而呈浅褐红或浅褐灰;其次为微斜长石、斜长石及少量条纹长石,这些长石均较新鲜
			岩屑	28	泥岩岩屑为主,少量绢云千枚岩屑,受压实而假杂基化充填部分孔隙;泥岩岩屑成分以高岭石为主;少量花岗质岩屑(1%),为长石和石英的集合体
			云母	0.5	白云母及水化黑云母,一组极完全解理
			炭屑	1.5	黑色,边缘呈褐红色,粒状及不规则状
	填隙物30%		杂基	50	单偏光下浅褐黄色,泥质结构。主要成分为高岭石,具一级灰干涉色,内部夹杂少量伊利石类黏土,含量约 10%,具一级黄及以上的干涉色
			胶结物	50	方解石,0.5%,分散晶粒,粒度 0.05~0.1 mm,高级白干涉色;自生高岭石:14.5%,干净透明,部分浅褐黄,一级灰,结晶良好,部分呈蠕虫状
			自生矿物		

结构特征	粒度特征	0.25~0.50 mm:75%;0.50~1.00 mm:25%		
	磨圆度	次棱角状为主	分选度	好
	胶结方式	孔隙式胶结	颗粒接触方式	点状,局部线状
	颗粒支撑方式	颗粒支撑	结构类型	中砂结构

显微构造	显微均一构造
成岩作用特征	压实作用—重结晶作用
岩石综合定名	中粒泥质长石岩屑砂岩
成因简单分析	形成于快速堆积的沉积环境,结构退变,杂基含量 15%,并且含伊蒙混层类黏土,吸水性及膨胀性强,导致岩性较疏松

由表 3-1 可知,粗粒泥质长石砂岩碎屑物质和填隙物分别占 57％和 43％,其中碎屑物质以单晶石英、正长石为主,偶见水化黑云母,填隙物中杂基为泥质结构,主要成分为高岭石;胶结方式为孔隙式胶结、颗粒接触方式;砂岩粒度 0.5～1.0 mm 占 75％、0.25～0.5 mm 占 20％、1.0～2.0 mm 占 5％。综合分析认为该类砂岩形成于快速堆积的沉积环境,杂基含量超过 40％,并且含伊蒙混层类黏土,吸水性及膨胀性强而导致岩石结构疏松。

由表 3-2 可知,中粒泥质长石岩屑砂岩碎屑物质和填隙物分别占 70％和 30％,泥质胶结,胶结物含量约 15％;岩屑以泥岩岩屑为主,少量绢云千枚岩屑,受压实而假杂基化充填部分孔隙;胶结方式为孔隙式胶结,颗粒间以点状接触为主,局部线状,颗粒支撑;砂岩粒度 0.25～0.5 mm 占 75％,0.5～1.0 mm 占 25％。

(2)顶板含水砂岩矿物组分分析

含水砂岩矿物组分分析结果见图 3-4。

定性分析结果表明含水砂岩中矿物成分主要为黏土矿物,其次为石英和长石,并含有少量的方解石和白云石,其中石英是最为稳定的矿物,长石则是最常见的不稳定矿物。含水砂岩矿物组分定量分析结果见图 3-5。

由图 3-5 可知,中粒泥质长石岩屑砂岩和粗粒泥质长石砂岩中黏土矿物、石英和长石分别占 59.9％和 39.2％、23.5％和 29.6％、14.2％和 28.2％。中粒泥质长石岩屑砂岩和粗粒泥质长石砂岩黏土矿物中高岭石、蒙脱石及伊蒙混层、伊利石和绿泥石分别占 40.1％和 24.8％、11.3％和 4.8％、6.4％和 5.5％、2.1％和 4.1％。

两类含水砂岩均含有较高的黏土矿物,均为泥质胶结、颗粒支撑、杂基含量高,且具有较强的膨胀性和吸水性等,这也是其

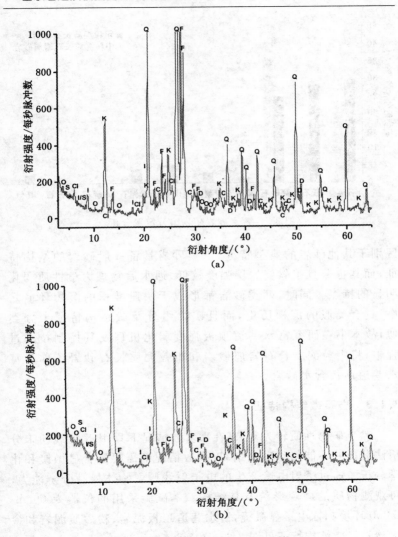

图 3-4　含水砂岩矿物成分 X—衍射图

(a) 粗粒泥质长石砂岩；(b) 中粒泥质长石岩屑砂岩

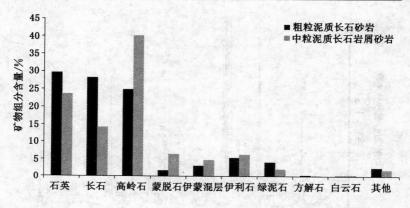

图 3-5   含水砂岩矿物组分定量分析

区别于其他砂岩的典型特征,该类砂岩具备一般砂岩的结构特征,而其也兼具了软弱岩层强度较低、遇水后物理力学性质弱化明显的特点。同时,两类砂岩都形成于快速堆积的沉积环境之中,具有类似的沉积历史,而且矿物组分及微结构特征十分类似,故本书在研究富水巷道顶板强度弱化机理及其控制技术过程中,将中粒泥质长石岩屑砂岩和粗粒泥质长石砂岩统称为富水巷道顶板含水砂岩。

3.1.3 岩石微结构特征

黏土矿物性质较为复杂,在大多数情况下只用 X 射线粉末分析法分析并不能得到准确结果,多数情况下需要配合显微镜和化学分析。通过透射电镜产生的电子射线照射物体提高分辨能力,可观测物质的微观形貌及其结构。本试验采用的仪器为 Quanta200 环境扫描电子显微镜,富水巷道顶板泥岩、粉砂质泥岩和含水砂岩的微结构特征见图 3-6～图 3-8。

由图 3-6 可知,富水巷道顶板泥岩原生沉积环境为多水环境,且孔隙较为发育,连通性好。图 3-6(a)中单晶颗粒本身已有孔洞,

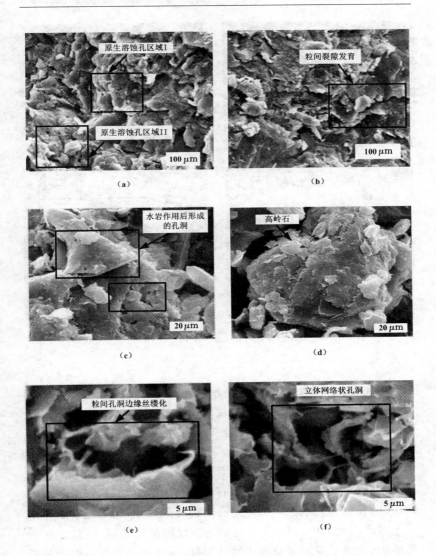

图 3-6 顶板泥岩微结构

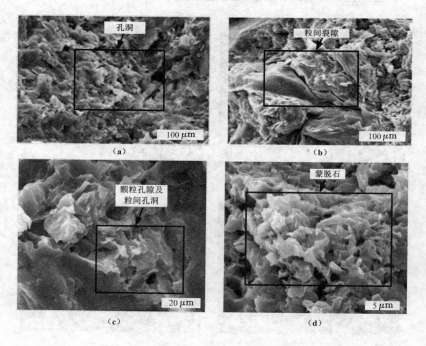

图 3-7　顶板粉砂质泥岩微结构

且为原生溶蚀孔洞;图 3-6(b)显示泥岩颗粒间裂隙较为发育,岩
石导水性较好;图 3-6(c)所示为泥岩中高岭石,本章 3.1 节中矿物
组分分析表明高岭石为泥岩黏土矿物组分的主要组成部分,高岭
石颗粒的六边形和鳞片呈现不太明显,边缘不规则,并有残缺,六
边形的轮廓呈现梗概,结晶程度不是太好;图 3-6(d)所示为岩石
中的水孔,说明岩石在形成以后有水在其内部流动过,产生了水解
作用;图 3-6(e)显示泥岩颗粒间孔洞边缘丝缕化,说明泥岩赋存于
一个多水环境之中;图 3-6(f)所示为立体网格状孔洞,颗粒之间杂
乱堆积,反映了泥岩本身的连通性很好,空间通道发育。综合分析
认为,富水巷道顶板泥岩赋存于一个多水环境之中,主要体现在微

图 3-8　含水砂岩微结构

结构中粒间孔洞边缘丝缕化、单晶颗粒本身出现原生溶蚀孔洞；泥岩颗粒间立体网络状孔洞、孔隙较为发育，为水分与岩石颗粒及其填隙物之间作用提供了原始通道。

由图 3-7 可知，富水巷道顶板粉砂质泥岩粒间孔洞、孔隙均较为发育，导水性较好，蒙脱石的形貌特征呈无规则状，结晶很细，大团块似由无一定轮廓的鳞片状单元堆积而成。粉砂质泥岩具有的这种孔隙、裂隙特征为水分的浸入提供了先天条件，且岩石中的蒙脱石遇水后易于膨胀。

由图 3-8 可知，含水砂岩颗粒间裂隙发育、连通性好；颗粒间孔洞多角状孔隙，粗粒颗粒间没有形成很好的胶结，具有明显的通道效应；颗粒间胶结物以伊蒙混层或伊利石为主；颗粒原生孔洞发育，有利于水在其中的流动。

3.2　软弱岩层物理性质弱化规律

岩体受到在一定的渗透压力或者水动力影响下产生的物理、化学及力学作用，将造成工程岩体发生破坏、失稳。特别是对于一些特殊的岩体，在天然状态下较为完整，整体性较强，具有一定的承载能力，遇水后短时间内发生崩解、膨胀和软化，从而引起岩体强度的降低[118,119]。而一些关于膨胀岩的研究发现：部分泥岩具有显著的膨胀性，膨胀应力大于一般支架的支护阻力[120]。工程实践表明，富水巷道顶板软弱岩层遇水前后物理性质将发生较大变化，是巷道顶板强度弱化的起始点，在水作用下发生的扩容变形亦是顶板变形的重要组成部分和控制的关键部位。为此，掌握富水巷道顶板软弱岩层物理性质弱化的基本规律，对于研究该类巷道顶板弱化机理及控制技术具有重要意义。

3.2.1 崩解性试验

岩石在水作用下的崩解特性能够在一定程度上反映该类岩石的物理性质,特别是那些含黏土矿物的岩石。

3.2.1.1 顶板泥岩耐崩解试验

（1）岩石耐崩解指标

岩石耐崩解性指数是通过对岩石试件进行烘干、浸水循环试验所得的指数。它直接反映了岩石在浸水和温度变化的环境下抵抗风化作用的能力。按公式（3-1）可求得岩石耐崩解性指数：

$$I_d = \frac{C_0}{A_a} \times 100\% \qquad (3-1)$$

式中：I_d 为岩石二次循环耐崩解性指数,％；A_a 为原试件烘干质量,g；C_0 为残留试件烘干质量,g。

甘布尔认为耐崩解性指数与岩石成岩地质年代无明显关系,而与岩石的密度成正比,与岩石的含水量成反比,其建立的岩石的耐崩解性评价指标见表 3-3。

表 3-3　　　　甘布尔崩解耐久性分类[121]

组名	一次 10 min 旋转后留下的百分数,按干重计/％	两次 10 min 旋转后留下的百分数,按干重计/％
极高的耐久性	>99	>98
高耐久性	98～99	95～98
中等高的耐久性	95～98	85～95
中等的耐久性	85～95	60～85
低耐久性	60～85	30～60
极低的耐久性	<60	<30

（2）试验过程及仪器

主要仪器和设备包括烘箱和干燥器、电子天平、SCL-1 耐崩解性试验仪等。试验装置和试件如图 3-9 所示。

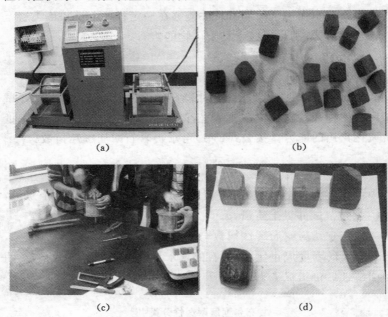

（a）　　　　　　　　　　　　（b）

（c）　　　　　　　　　　　　（d）

图 3-9　顶板泥岩耐崩解试验

（a）SCL-1 耐崩解性试验仪；（b）耐崩解试件；

（c）耐崩解试验试件的拆装；（d）浸水前后的试件

（3）试验结果及分析

顶板泥岩耐崩解试验测试得到的原始数据见表 3-4，试验过程中观测得到的试样崩解状态描述见表 3-5。

按照公式（3-1）求解顶板泥岩耐崩解性指数，见图 3-10。

由图 3-10 可知，顶板泥岩的耐崩解指数在 80％上下波动，平均耐崩解指数为 77.8％，根据甘布尔崩解耐久性分类方案，顶板泥岩为中等的耐久性。

表 3-4　　　　　　　　　耐崩解性指数测定记录表

岩石名称	试件编号	筒内样品质量/g			耐崩解性指数
		试验前	第一循环后	第二循环后	
	1～10	A	B	C	$\dfrac{C}{A}\times100\%$
顶板泥岩	1	43.286	38.411	27.754	64.1
	2	51.672	48.808	40.279	78.0
	3	53.954	51.140	47.459	88.0
	4	43.458	38.695	33.075	76.1
	5	55.259	49.478	42.297	76.5
	6	56.605	54.049	51.641	91.2
	7	47.227	44.367	36.987	78.3
	8	41.649	36.061	23.903	57.4
	9	48.010	42.187	37.242	77.6
	10	47.891	45.304	44.046	92.0

表 3-5　　　　　　　　　岩样崩解状态描述

编号	岩样状态		耐崩解性指数
	第二次干燥	第三次干燥	
1	分裂为 3 块,1 大 2 小,遗留碎渣多,裂隙较发育	3 块,1 大 2 小,较多碎渣	64.1
2	分裂为 3 块,2 大 1 小,裂隙较发育	2 块,1 大 1 小,较发育	78.0
3	分裂为 2 块,1 大 1 小,不发育	保持 2 块,少许碎渣	88.0
4	分裂 3 块,1 大 2 小	保持 3 块,少许碎渣,发育	76.1
5	分裂为 8 块,2 大 6 小,较发育,些许碎渣	变为 7 块	76.5
6	保持 1 块,不发育	保持 1 块	91.2

编号	岩样状态		耐崩解性指数
	第二次干燥	第三次干燥	
7	分裂为大致均等 2 块,较发育	3 块,1 大 2 小,少许碎渣	78.3
8	分裂为 2 块,1 大 1 小,较发育	保持 2 块,较发育	57.4
9	保持 1 块,较发育	保持 1 块,些许碎渣	77.6
10	保持 1 块,不发育	保持 1 块,边缘小裂隙	92.0

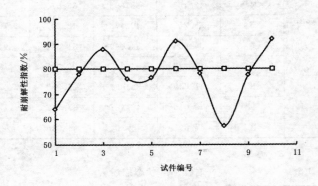

图 3-10　顶板泥岩耐崩解指数曲线

3.2.1.2　顶板粉砂质泥岩浸水崩解性分析[8]

利用干钻法加工 3 组 $\phi50$ mm×100 mm 粉砂质泥岩试样,放入量程 2 000 mm 烧杯中做浸水崩解性试验,见图 3-11。

粉砂质泥岩浸水崩解呈现如下两个特点:① 浸水泥化崩解速度快。泥化崩解时间约为 1.5～2.0 h,此时强度已基本很小,用手可碎,质感较滑。② 将浸泡后的破碎岩块取出放置在空气中,干燥 2 d 后,用指甲在其上能够划出较浅的痕迹,说明浸水后再失水干燥后破碎岩块仍具有一定强度。因此,井下要避免水对巷道粉砂质泥岩顶板的长时间浸泡,尽量采用疏导、注浆截堵的办法,

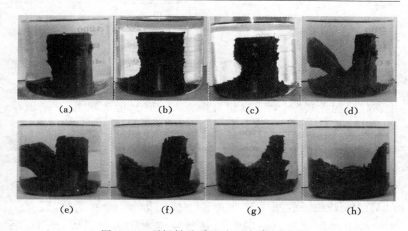

图 3-11 顶板粉砂质泥岩浸水崩解试验

(a) 浸水 20 min；(b) 浸水 50 min；(c) 浸水 60 min；(d) 浸水 80 min；

(e) 浸水 120 min；(f) 浸水 160 min；(g) 浸水 180 min；(h) 浸水 300 min

减少水对巷道顶板的侵蚀弱化作用。

　　岩石遇水后的崩解特性主要与岩石的内部微结构、矿物组分、胶结物成分、胶结类型、孔隙发育程度等有关。一般而言，黏土岩崩解与黏土矿物中蒙脱石的含量最为密切，但只要伊利石和高岭石含量足够高，岩样也可能发生崩解碎裂[122]。崩解反映了水岩相互作用的力学效应，也在一定程度上说明了岩石的抗剪强度随含水量增加而衰减的一个重要特征。根据 3.1.1 部分研究成果可知，软弱岩层孔隙裂隙较为发育且黏土矿物中富含蒙脱石及伊蒙混层，而当水渗入岩石孔隙、裂隙中时，水分与岩石颗粒、胶结物之间发生物理化学作用而引起岩石发生膨胀，且岩石具有非均匀、不连续的特征，水作用下岩石将产生不均匀膨胀而导致在岩石内部产生不均匀的膨胀应力，水作用下该类岩石的孔隙、裂隙等微观结构不断发展而引起岩石的崩解，从而引起富水巷道顶板岩石强度的降低。

3.2.2　膨胀性试验

膨胀岩是指遇水作用会发生物理化学反应,引起体积膨胀和力学性能变化的岩石。膨胀岩遇水作用后产生体积膨胀、岩性软化、碎裂、泥化现象,会造成建筑物、水工结构、地下硐室、交通道路的严重破坏[123]。关于膨胀产生的原因,目前认为主要是由于岩石本身的物理力学性质和地下水的影响[121]。传统的岩石膨胀理论主要建立在特定的膨胀试验模型基础之上,具有一定的局限性。代表性的岩石膨胀理论主要有两种,W. Gysel[123]的一维膨胀理论和 W. Wittke[124]的三维膨胀理论。杨庆等[125]通过试验,建立了考虑应力和含水量两个因素的新型三维本构关系。W. G. Holtz和 J. J. Gibbs[126]首先研究了膨胀性黏土的工程性质,J. Huder 和 G. Amberg[127]采用常规固结仪对泥灰岩进行了单轴膨胀应变试验,发现轴向膨胀应变与轴向膨胀压力的对数呈线性关系。A. Komornik 和 J. G. Zeitlen[128]改进固结仪后测出了径向膨胀应变,并由环刀的弹性模量求出膨胀应力。温春莲等[129]对泥岩的初始含水率、载荷等多种影响膨胀岩特性的因素进行了试验研究,见图3-12 和图 3-13。

岩石膨胀是工程支护造成破坏的一个重要因素,由图 3-12(a)可知,随着含水率的增加,均质和砾石黏土质软岩的膨胀变形呈线性增长,这在一定程度上说明布置在这类膨胀岩石中的硐室和巷道,尽量保持围岩原来的含水状态非常重要;由图 3-12(b)可知,初始含水率越高,膨胀力就越低,说明岩石干燥失水越多,其吸水膨胀性的特性就越显著。

由图 3-13(a)可知,初始载荷越大,均质和砾石黏土质软岩最大膨胀率越小,二者呈负指数规律变化,而初始载荷就相当于阻止围岩膨胀变形的支护抗力。如图 3-13(b)所示,若初期允许膨胀性围岩具有一定的变形时机,则可降低支护系统所提供的支护抗

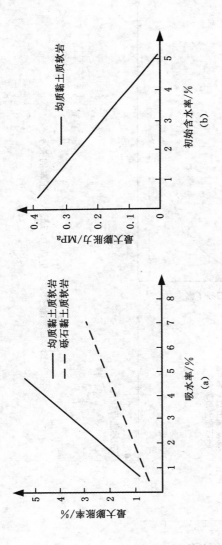

图 3-12 吸水率与最大膨胀率、初始含水率与最大膨胀力的关系

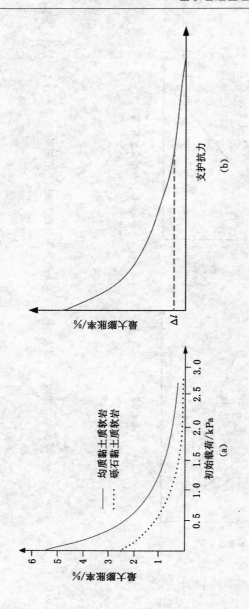

图 3-13　初始载荷、支护抗力与最大膨胀率的关系

力,充分地利用围岩的自承能力。

膨胀性试验目前最常采用的方法仍为 Huder—Amberg 试验方法,在侧向约束、单轴加压条件下进行。本书关于岩石的膨胀性试验研究,主要测定富水巷道顶板软弱岩层浸水后体积保持不变时的最大膨胀应力、不同荷载下有侧限的膨胀量、无荷载下有侧限的最大线性膨胀量,试验方法参照原地质矿产部颁发的《岩石物理力学性质试验规程》关于膨胀性试验的相关规定[130]。

3.2.2.1 粉砂质泥岩膨胀性试验过程

利用干钻法将试样制成 $\phi 50$ mm×20 mm 圆柱体试件,利用 YP-1 型岩石膨胀压力机测定岩石的膨胀应变[131,132],膨胀性试验装置实物见图 3-14。

图 3-14　膨胀性试验装置实物图

试验时将试样放入水盒的叠环中,叠环两端均放置风干透水石,顶部放上盖板,之后将传感器固定在压板上,并安装百分表,向水盒中加入蒸馏水至高出试块 5.0 mm。根据百分表读数的变化,不断在轴向给试块加载,限制试样的轴向变形,用压力传感器可测得试样的最大轴向膨胀应力。岩石膨胀性试验装置原理见图 3-15。

3.2.2.2 试验结果及分析

膨胀试验结束后,继续在轴向给试块加载,使试块处于三向受力状态,进一步观测试块在三向受力状态下的物理现象,试验结果见表 3-6 和图 3-16。

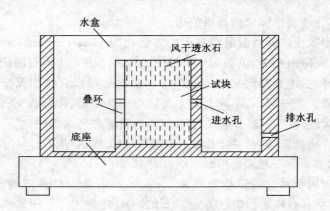

图 3-15　岩石膨胀性试验装置原理图

表 3-6　　　　　　　　　　　膨胀性试验结果

试件编号	天然容重 $\gamma_0/\mathrm{g \cdot cm^{-3}}$	天然含水量 $w_0/\%$	膨胀率 $V_\mathrm{h}/\%$	最大膨胀应力 $P_\mathrm{maxsw}/\mathrm{MPa}$	膨胀含水量 $w_\mathrm{sw}/\%$
PZSZN—1	2.2	4.78	3.5	0.76	8.21
PZSZN—2	2.08	5.09	2.75	0.95	7.76
PZSZN—3	2.15	5.49	3.1	0.89	9.92

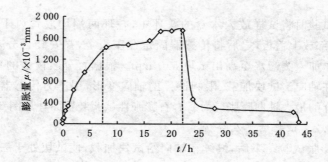

图 3-16　膨胀变形、崩解与时间的关系（PZSZN—3）

由图 3-16 和表 3-6 可知,粉砂质泥岩膨胀变形呈现以下几个特点:

(1)膨胀变形第 Ⅰ 阶段:试样浸水 0.0~9.0 h 为加速膨胀变形阶段,膨胀变形量占膨胀变形总量的 81.9%。该阶段水分快速渗入粉砂质泥岩内部,引起了岩石快速膨胀,这与其内部裂隙、孔隙较为发育且含强膨胀性和吸水性的蒙脱石及伊蒙混层有关。特别是试样浸水后 1.0 h 内膨胀变形速率最大,膨胀变形量占膨胀变形总量的 18.8%。

(2)膨胀变形第 Ⅱ 阶段:在试样浸水 9.0~22.0 h 之间,试样膨胀变形趋于稳定,膨胀变形量占膨胀变形总量的 18.1%,且在第 20.0~22.0 h 之间,变形量仅为 2.0×10^{-3} mm,膨胀变形基本结束,称为残余膨胀变形阶段。

(3)试样崩解阶段:试样随着在水中浸泡时间的增加而膨胀变形量不断减少,且在浸水 43.5 h 后膨胀变形量衰减至 37.0×10^{-3} mm,说明在三向受力状态下该试样已发生崩解,见图 3-16 第 Ⅲ 阶段。

(4)试样平均最大膨胀应力达 0.87 MPa,比一般锚杆支护能够提供的 0.1~0.3 MPa 支护阻力大得多,如果不采取疏排水等措施减少水对粉砂质泥岩的弱化作用,或者没有及时提高顶板承载能力,则在强膨胀应力影响下,易于引起锚固承载结构的变形失稳。已有的研究成果表明,膨胀压力的主要影响因素包括岩石的组成和胶结状态、围岩应力状态和水分渗入围岩的深度和范围[133]。

富水巷道顶板软弱岩层包含蒙脱石、伊利石、高岭土等黏土质矿物成分,当水分子浸入后就会膨胀,产生膨胀应变和膨胀压力。而水作用下富含黏土矿物的软弱岩层三向受力状态下,只要浸水时间足够长,试样吸水后产生的膨胀应力足以促使其发生崩解。这是因为含水率增加造成结晶格架膨胀隆起,产生了不均匀的膨

胀变形和膨胀压力,而当其膨胀变形量超过该岩石允许的拉应变
时,就会造成此类岩石崩解破坏。陈宗基[94]院士认为在膨胀岩中
开挖巷道,围岩向内移动和产生破坏的主要原因是岩石吸水膨胀
和在偏应力作用下产生扩容的两种不同过程相互促进。巷道开挖
扰动等引起了岩石的扩容而产生了裂隙,使得孔隙率增加,这就使
水分易于渗透和浸入岩石,水与黏土矿物相互反应引起了岩石膨
胀,而岩石膨胀越大,则越容易吸收水分,又进一步促使了岩石的
体积扩大,岩石的强度降低越多,就越易于造成岩石破坏。由于巷
道开挖扰动等会引起水浸入富水巷道顶板软弱岩层,在水作用下,
软弱岩层产生不均匀较大膨胀变形和膨胀应力,削弱了其强度和
破坏了其完整性,因此,矿井水是富水巷道顶板强度弱化的关键影
响因素之一。

3.2.3　试验结果与分析

软弱岩层的矿物成分及其微结构特征,使得其与水作用后物
理力学性质发生很大变化。软弱岩层内部较为发育的孔隙、裂隙
为水的浸入提供了客观条件,亲水性黏土矿物的存在从根本上导
致了软弱岩层的软化、崩解以及膨胀现象,引起了软弱岩层强度的
急剧降低。膨胀性试验表明粉砂质泥岩吸水后呈现出强膨胀性,
实验室测得的膨胀压力远大于锚杆支护能够提供的支护阻力,且
呈现明显的阶段性特征。同时,在三向受力状态下发生崩解。因
此,富水巷道顶板采用的支护技术手段一定要具有足够的支护强
度和较高的预紧力。同时,必须采取相应的疏排水措施,减少水对
软弱岩层的弱化作用。否则,随着其含水率的不断增大,岩石软化
现象更加严重,低围压条件下更加易于发生崩解而引起顶板变形
失稳。

3.3 含水砂岩强度损伤及声发射特征

关于一般软弱岩层和砂岩的强度、变形与含水状态的定量及定性关系研究较多,并取得了一定的进展[15]。而关于鸳鸯湖矿区侏罗系延安组富含黏土矿物的特殊含水砂岩强度、变形随含水状态的变化规律鲜有报道,特别是其在全应力应变过程中不同含水状态下的声发射特征国内外文献目前未见报道,而本书所研究的富水巷道顶板强度弱化机理及其控制技术与该层含水砂岩在水作用下的物理力学性质变化规律密切相关,为此,本节设计了含水砂岩强度、变形及其声发射特征随含水状态变化关系的试验内容及步骤,并利用煤岩加载声发射测试系统研究了含水砂岩强度、变形及全应力应变过程的声发射特征。

3.3.1 试验基本条件

3.3.1.1 含水砂岩失水和吸水试验要求

(1)选择含水砂岩失水和吸水岩样分别 3 块,用来测试其失水和吸水规律,为测试不同含水状态下岩石力学性质及声发射规律提供基础资料。

(2)仪器设备:切石机、钻石机、烘箱、干燥器、烧杯、天平(称量 1 000 g,感量 0.01 g)、百分表、游标卡尺。

(3)失水试验:岩石烘干温度 105～110 ℃,烘干时间为前 3 个小时每 30 min 量取一次重量,之后每间隔 1 h 量取一次重量,烘干 24 h。

(4)吸水试验:浸水时间为前 3 个小时每 30 min 量取一次重量,之后每间隔 1 h 量取一次重量,浸水 48 h。

(5)称量精确至 0.01 g。

3.3.1.2　含水砂岩单轴抗压强度及变形试验要求

（1）本试验利用电阻应变仪法测定规则形状的岩石试样在单轴压力作用下的纵向和横向变形量，求取弹性模量和泊松比。

（2）仪器设备：SANS-3000kN 微机控制电液伺服试验机、TS3890 静态电阻应变仪、万能表、电阻应变片（丝栅长度不小于 15 mm）、粘结胶液、游标卡尺、烘箱、干燥器。

（3）根据含水砂岩吸水和失水试验得到的结果，提出烘干后砂岩浸水时间，并确定试验试样的组数。

3.3.1.3　试验内容

（1）含水砂岩失水和吸水基本规律测试。

（2）含水砂岩不同含水状态下声发射、强度、变形规律测试。

3.3.1.4　声发射及单轴抗压强度、变形测试试验系统

不同含水状态下岩样单轴加载破坏声发射测试试验系统结构示意图见图 3-17 所示，实物见图 3-18。系统主要由 SANS-3000kN 微机控制电液伺服试验机、DISP-24 型声电数据采集系统、岩样轴向及环向应变采集系统（TS3890 静态电阻应变仪）、电磁辐射和声发射传感器、屏蔽系统等组成。为了减少外界环境干

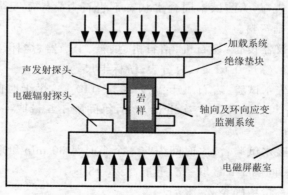

图 3-17　煤岩加载声发射测试系统示意图

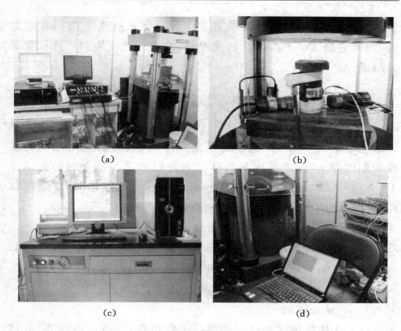

图 3-18 煤岩声发射测试系统实物图

(a) 声发射监测系统;(b)试验前岩样;

(c) 试验加载控制系统;(d)岩样轴向及环向应变监测系统

扰,本试验在屏蔽室内进行,屏蔽效果在 85 dB 以上,可以有效减少外界机械振动等干扰。

(1)加载系统

加载系统为 SANS-3000kN 微机控制电液伺服试验机,主要由压力机、加载控制系统、MaxTest 控制程序等组成,具有力闭环控制、恒应力控制和载荷保持控制等控制方式,可以实现多种载荷方式并用编程加载。

(2)高速声电数据采集系统

声发射信号数据采集系统选用美国 Physical Acoustics 公司

生产的 24 通道 DISP 型声发射工作台。该系统主要由前置放大器、滤波电路、A/D(模/数)转换模块、波形处理模块和计算机等部分组成。

(3) 声发射传感器

采用两种声发射传感器接收声发射信号,其谐振频率分别为 51.76 kHz(5 通道)和 19.8 kHz(6 通道),声发射信号分别由同轴屏蔽电缆送入 DISP 声电数据采集系统。试验前,先用酒精将试样的侧面擦干净,之后用凡士林将声发射传感器耦合到岩石试样上,并用胶带纸粘紧,保证每次胶带纸缠绕力大致相同,以确保试样破坏过程中产生的弹性波能够良好传播且被传感器接收。

(4) 岩样轴向及环向应变采集系统

单轴压缩变形试验采用 TS3890 静态电阻应变仪进行量测,该仪器是一种装有微处理芯片的数字式应变仪,通过 USB 接口与计算机通讯,由计算机来控制、显示、处理、打印测量数据。

3.3.1.5 试验步骤

(1) 连接各种试验仪器和数据采集线路,检查仪器状态,并进行初步调试。

(2) 用游标卡尺测量岩样的尺寸,并记录和观察试样表面裂隙等。

(3) 将岩样放置在试验机承压板中心,调整有球形座的承压板,使试样两端面接触均匀,试样与试验机的底座、压头间用绝缘纸绝缘。

(4) 将岩样电阻应变片导线与静态电阻应变仪按照半桥方式连接,将测试的初始值调零,并使用万用表量测导线的连接情况;然后在岩样试样上和周围布置声发射传感器和电磁辐射天线,之后关闭电磁屏蔽室大门。

(5) 启动 TS3890 静态电阻应变仪和 DISP-24 高速声电数据采集系统,通过测试选取比较灵敏的声发射传感器,并测试背景信号的影响。当调试的参数在 $1.0 \sim 2.0$ min 无明显背景事件发生时,停止观察,准备采集数据。

（6）启动 SANS 型电液比例万能试验机控制系统,以 100 N/s 的加载速度加荷载,直到试样破坏为止,并记录最大破坏载荷及加荷过程中出现的现象,同步开始声发射和静态电阻应变仪数据的采集。

（7）试验结束后,停止加载和相关数据的采集,观察岩样破坏情况和对破坏后的试件进行描述。详细记录岩样、加载方式、通道、频率及天线布置和试验过程中的各种信息,并进行拍照。若发现异常现象,应对其进行描述和解释。

3.3.2 含水砂岩强度、变形损伤特征

我们在测试含水砂岩烘干和吸水试验结果之上,设计了不同含水状态下含水砂岩声发射特征试验。

3.3.2.1 砂岩烘干与吸水试验

岩石失水率与吸水率不仅与岩石自身的孔隙率、渗透系数有关,也与其浸水的时间存在必然联系。研究含水率与岩石物理力学性质之间的关系,不可能将所有情况下的含水状态均进行测试,所以有必要研究含水砂岩失水率、吸水率与时间的关系。图 3-19 和图 3-20 所示为含水砂岩失水和吸水变化规律。

由图 3-19 和图 3-20 可知:在前 30 min,含水砂岩吸水和失水变化率最大;在 $1 \sim 6$ h 之间大致呈线性变化,岩样烘干 24 h 和浸水 20 h 后其含水率基本不再发生变化。其中浸水过程中很多岩块发生崩解。为了获得含水砂岩吸水规律,多次进行了浸泡吸水试验,并获得了含水砂岩吸水—时间关系曲线。

3.3.2.2 试验方案设计

根据含水砂岩失水与吸水—时间变化规律,将试样分为 5 个试验组,分别为饱水、浸水 30 min、浸水 1 h、浸水 8 h 和烘干 24 h

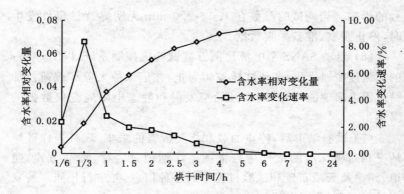

图 3-19   含水砂岩失水—时间曲线

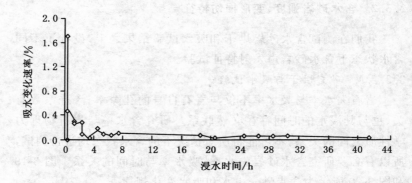

图 3-20   含水砂岩吸水—时间曲线

试验组,每组包括 3～5 块岩样。在岩样浸水过程中,注意观测和记录岩样的变化情况,特别是应注意岩样是否发生崩解。试验浸水、烘干和粘贴应变片过程见图 3-21。

电阻应变片的粘贴:由于岩石试样要浸水,要求贴电阻片前必须进行防潮处理,在干净的试样表面均匀地涂上一层厚度不超过 0.1 mm 的防潮浇液,待浇液凝固后再粘贴电阻片,然后用防潮胶液涂盖电阻应变片,待胶液凝固后再进行浸泡;在防潮处理及饱和

图 3-21　含水砂岩浸水、烘干和粘贴应变片实物图

(a) 浸泡试样；(b) 烘干试样；(c) 粘贴应变片

过程中,应保证绝缘电阻值始终在 500.0 MΩ 以上。

3.3.2.3　试验结果分析

(1) 不同含水状态含水砂岩单轴压缩状态强度、变形变化规律

含水砂岩强度及弹性模量与含水率的关系分别见表 3-7 和图 3-22,图中不同含水率对应的强度及变形量为每组岩块的平均值。

表 3-7　　不同含水状态下砂岩强度、弹性模量试验结果

岩样	含水率/%	单轴抗压强度/MPa	弹性模量/GPa
中粒泥质长石岩屑砂岩	0.0	24.67	4.60
	2.01	9.12	2.19
	5.48	3.62	1.30
	5.54	2.80	0.85
	7.57	0.81	0.41
粗粒泥质长石砂岩	0.0	8.20	3.92
	2.25	3.54	1.96
	3.84	1.59	0.82
	5.78	0.25	0.23

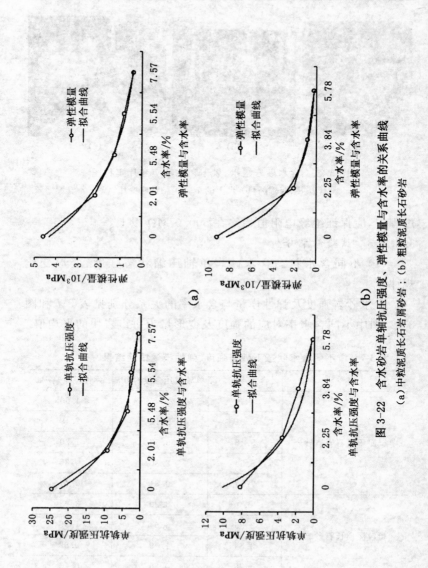

图 3-22　含水砂岩单轴抗压强度、弹性模量与水率的关系曲线

（a）中粒泥质长石岩屑砂岩；（b）粗粒泥质长石砂岩

由表 3-7 和图 3-22 可知,中粒泥质长石岩屑砂岩、粗粒泥质长石砂岩干燥状态单轴抗压强度、弹性模量随着含水率的增大而大幅度降低。含水砂岩单轴抗压强度、弹性模量与含水率之间的定量关系见式(3-2)～式(3-5):

$$\sigma_{cz} = 49.83 \mathrm{e}^{-0.801w} \qquad (3\text{-}2)$$

$$E_z = 7.676\ 5\mathrm{e}^{-0.578w} \qquad (3\text{-}3)$$

$$\sigma_{cc} = 30.856 \mathrm{e}^{-1.127w} \qquad (3\text{-}4)$$

$$E_c = 11.443 \mathrm{e}^{-0.938w} \qquad (3\text{-}5)$$

式中:σ_{cz}、σ_{cc} 和 E_z、E_c 分别为中粒泥质长石岩屑砂岩、粗粒泥质长石砂岩单轴抗压强度和弹性模量,MPa;w 为含水率,%。

含水砂岩单轴抗压强度、弹性模量与含水率呈指数关系递减,水弱化了含水砂岩强度,也进一步解释了富水煤层巷道在顶板水作用下易于变形失稳的原因。

(2) 含水砂岩单轴压缩破坏形式

图 3-23 所示为单轴压缩状态含水砂岩干燥和浸水后破坏形式,其中浸水后试件在试验结束后将其从试验台取出时,由于端部发生破坏而不能完整获得其破坏形式照片,但其破坏整体轮廓仍能清晰显示。

由图 3-23(a)可知,单轴压缩状态下,中粒泥质长石岩屑砂岩干燥时其破坏形式为沿轴向的张拉劈裂为主,存在一个贯穿整个岩样的剪切破坏面,尤明庆[133]指出这种张拉破坏是由剪切滑移引起的,并且岩样轴向承载能力的降低也是由剪切滑移决定的;而当其浸水 8 h 后,破坏形式存在一个沿轴向的剪切滑移面,但其端面为破裂圆锥面,且侧面出现折断破坏滑移面,这与水作用下弱化了岩块颗粒胶结及其弱面的抗剪强度有关;由图 3-23(b)可知,粗粒泥质长石砂岩干燥和浸水 48 h 后端面均存在破裂圆锥面,干燥状态时主破裂面在岩样侧面出现,浸水 48 h 后岩样则没有出现明显的剪切破坏面,而是端面破坏后的整体岩样变形失稳,呈碎裂

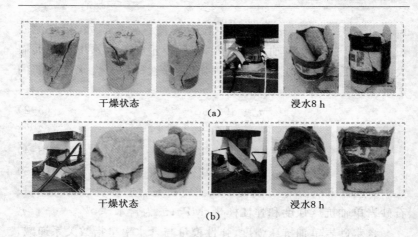

图 3-23　单轴压缩含水砂岩破坏形式

(a) 中粒泥质长石岩屑砂岩；(b) 粗粒泥质长石砂岩

状。由此可知，单轴压缩状态下，同一类型岩样，在不同含水状态下，其变形破坏形式存在差别。

3.3.3　含水砂岩声发射特征

声发射（简称 AE）是指材料在受外力或内力作用时，其微观结构的不均匀以及内部缺陷的存在，会导致局部的应力集中，进而以弹性波形式释放出应变能的现象，有时也称为应力波发射。声发射技术是根据结构内部发出的应力波判断结构内部损伤程度的一种无损检测方法，它与超声、X 射线等常规无损检测方法主要区别在于声发射技术是一种动态无损检测方法，它能连续监视结构内部损伤的全过程[134,135]。利用声发射技术监测岩体稳定性及预报岩体失稳破坏日益受到人们的重视和关注，在实验室中探索不同岩石的声发射特征则是相关研究必要的先行条件。有关学者研究发现岩石的破坏并不是发生在 AE 信号的峰值时，而是出现不同程度下降时才发生，这点对于判断岩体失稳，预报工程岩体灾害是有利的。现场噪声干扰很强,探头阵的布置范围很大,致使接收到的信号信噪比很低,给监测工作带来困难。所以根据现场实际情况选择最有效的监测方案和设备显得相当重要[136]。利用岩石结构和应力应变状态所引起的声发射技术特征,并对不同种类、不同赋存环境的岩石的声发射特征进行总结和分类,从而对岩体破坏进行预报,为现场工程实践服务,是目前声发射技术在岩石工程中应用的主要发展方向。特别是声发射技术的音源定位功能是非常重要的,根据音源位置可以确定岩体结构内破坏区的位置并圈定其范围。根据已有报道,美国矿物局 L. Obert 和 W. L. Duvall 是最早利用微震方法预测预报地下工程稳定性的学者[136]。20 世纪 50 年代前后,国外首先使用声发射技术对各种金属矿和煤矿以及隧道工程的安全稳定问题进行监测和预报。60 年代后,随着电子技术的发展和声发射监测设备的不断完善,声发射技术也得到很大的发展。

现场工程实践表明,受开挖和支护的扰动,含水砂岩在吸水失水的动态变化过程中强度弱化,特别是当直接顶顶板软弱岩层遇水后发生扩容变形,含水砂岩的完整性、强度降低更加明显。根据第 2 章关于含水砂岩顶板变形失稳的影响因素分析,含水砂岩顶板变形失稳破坏不仅与顶板软弱岩层有关,而且与顶板上覆砂岩密切相关,该层砂岩不仅是提供水岩相互作用过程中水的提供者,更是巷道顶板失稳的主导因素之一,是该类顶板保持稳定的关键岩层。强度降低是其物理力学性质弱化的一个综合显现指标,但不能全面反映岩石遇水后其内部结构损伤的过程。本书利用煤岩加载声发射测试系统研究含水砂岩不同含水状态下岩石损伤破坏全过程的声发射基本规律,试图找出该类砂岩不同含水状态下声发射的变化规律,以期为预测预报该类巷道顶板稳定性奠定基础。

(1) 粗粒泥质长石砂岩

粗粒泥质长石砂岩不同含水状态下力、声发射脉冲数、声发射能量—时间关系曲线见图 3-24~图 3-26。图 3-24 为粗粒泥质长石砂岩烘干 24 小时干燥状态下声发射特性曲线。

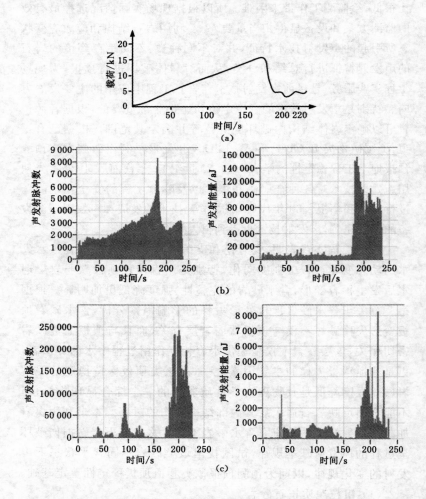

图 3-24　粗粒泥质长石砂岩力、声发射脉冲数、能量—时间关系曲线（干燥）
（a）力—时间曲线；（b）声发射谐振频率 51.76 kHz；（c）声发射谐振频率 19.8 kHz

干燥状态粗粒泥质长石砂岩受载后声发射呈现以下几个特点:

① 谐振频率为 51.76 kHz 时,声发射脉冲数、能量—时间曲线与力—时间曲线有很好的关联性,在应力最大值附近出现声发射事件的极值,且此时的声发射脉冲数约为峰前的 2 倍,能量约为峰前的 16 倍,这对采用声发射技术监测含水砂岩顶板稳定性具有重要意义。

② 声发射谐振频率为 19.8 kHz 时,100 s 处出现声发射脉冲数的跳跃,根据力—时间曲线可以分析得出,这与岩石试件由弹性状态向塑性状态过渡时产生较多微裂隙相关。

③ 声发射脉冲信号和能量在受力起始阶段被同时触发,脉冲信号随着岩石受力的增加不断增多,在主破裂时刻附近产生了强脉冲信号和高能量信号,初期受载时即产生声发射和能量信号,这与粗粒泥质长石砂岩的颗粒结构有关。根据 3.1.1 部分研究成果可知,该类砂岩颗粒大小一般为 0.5~1.0 mm,颗粒直径较大,结构特征为孔隙式胶结、颗粒支撑方式,且孔隙发育,受载后孔隙闭合以及从空隙产生新的裂纹,使得在较低应力水平产生声发射。

④ 声发射现象特征表明该类砂岩受力后颗粒间相互挤压,产生声发射信号,而后随着承载压力的增大,原有孔隙被挤压破裂的颗粒密实,声发射脉冲信号增加较为平稳,在达到岩石试件应力峰值位置时,产生较强的脉冲和能量信号,说明岩石内部有较大的变形或裂纹产生。峰后声发射脉冲信号降低明显,但与峰前声发射脉冲信号大致持平,说明该类砂岩峰后具有一定的承载能力,岩石破裂以弱面的剪切滑移为主。

图 3-25 为粗粒泥质长石砂岩烘干后,浸水 45 min 声发射特性曲线,该试样含水率为 3.84%。

由图 3-25 可知,粗粒泥质长石砂岩烘干试件,再浸水 45 min 后,声发射及单轴抗压强度呈现如下几个特点:

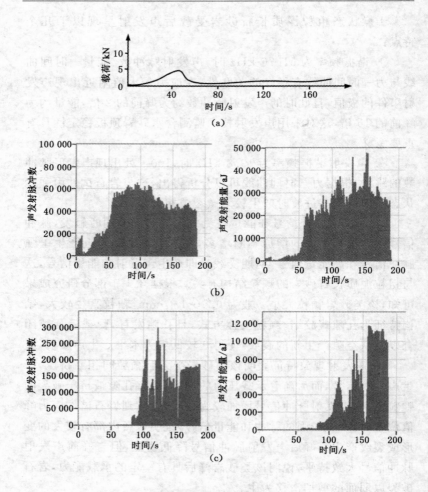

图 3-25 粗粒泥质长石砂岩力、声发射脉冲数、
能量—时间关系曲线（浸水 45 min）

(a) 力—时间曲线；(b) 声发射谐振频率 51.76 kHz；(c) 声发射谐振频率 19.8 kHz

① 浸水 45 min 后,单轴抗压强度仅为 1.792 MPa,为干燥时的 21.9%,强度降低明显,这与粗粒泥质砂岩颗粒间孔隙较为发育,吸水速度快且矿物成分中富含黏土矿物有关。

② 谐振频率为 51.7 kHz 时,受载初期即产生较大声发射脉冲数和能量,但峰值前声发射持续时间较短,很快达到峰值,这与其强度弱化有关。

③ 岩石试件在峰值处和峰后一段时间内,声发射脉冲数和能量没有明显变化,且岩石应力峰值位置脉冲数及能量均没有达到最大值,而是存在一定的时间延迟,这与干燥状态时应力峰值位置即为声发射事件峰值位置不同。

图 3-26 为粗粒泥质长石砂岩烘干,再浸水 48 h 后,声发射特性曲线,该试件含水率为 5.78%。由于试件受载后很快破坏,抗压强度很小,没有生成力—时间曲线。

粗粒泥质砂岩浸水 48 h 后的声发射试件呈现如下几个特点:

① 受载后声发射脉冲数及能量很快达到峰值,这与其强度极低有关,其单轴抗压强度仅为 0.5 MPa。

② 峰后声发射脉冲数和能量产生较大起伏,这与长时间浸水后粗粒泥质长石砂岩内摩擦角降低、黏聚力减小密切相关,峰后的声发射脉冲数和能量的激发以砂岩颗粒之间的相互摩擦和挤压为主。

③ 粗粒泥质长石砂岩长时间受水侵蚀后整体性及完整性受到极大破坏,变形呈现液态化流动的特点。根据 2.1.4 部分研究成果可知,富水巷道顶板冒顶时,上覆含水砂岩产生"溃沙"现象,水作用下随着巷道应力分布的不断调整,固体含水砂岩逐步"液态化",这与粗粒泥质砂岩岩石成分密不可分。根据第 3.1.2 部分研究成果可知,粗粒泥质长石砂岩杂基含量高达 42.5%,而胶结物仅为 0.5%,黏土矿物含量占矿物总量的 39.2%,且为泥质结构,水作用下侵蚀了岩石颗粒之间的胶结物和杂基,亦即弱化了岩石

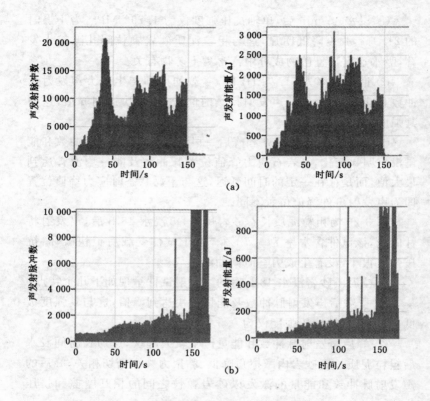

图 3-26　粗粒泥质长石砂岩声发射脉冲数、
能量—时间关系曲线（浸水 48 h）
(a) 声发射谐振频率 51.76 kHz；(b) 声发射谐振频率 19.8 kHz

颗粒之间的联结基础，使得多数岩石颗粒游离成单体状，导致岩石
结构松散而强度降低显著。

　　综上，对比分析不同含水状态下的粗粒泥质长石砂岩全应力
应变过程的声发射特征呈现出如下几个特点：

　　① 当声发射谐振频率为 51.76 kHz 时，干燥、浸水 45 min 和

48 h 试件声发射脉冲数峰值、能量峰值分别约为 80 000 aJ 和 160 000 aJ、60 000 aJ 和 48 000 aJ、20 000 aJ 和 3 000 aJ,由此可知,随着含水率增加,粗粒泥质长石砂岩声发射脉冲数和能量峰值均显著降低。

② 随着含水率增加,粗粒泥质长石砂岩峰后声发射脉冲数和能量较应力峰值位置滞后,呈现出"延迟"特征,且峰后声发射试件被持续激发时间增加。

③ 水作用下弱化了岩石颗粒之间的联结基础,随着含水率增加,固体砂岩"液态化",强度受到极大削弱。

(2)中粒泥质长石岩屑砂岩

中粒泥质长石岩屑砂岩不同含水状态下力、声发射脉冲数、声发射能量—时间关系曲线见图 3-27～图 3-29。

图 3-27 为中粒泥质长石岩屑砂岩烘干 24 h 后,干燥状态下声发射特性曲线,其声发射及强度特征呈现以下几个特点:

① 声发射脉冲数、能量—时间与力—时间之间具有较好的关联性,约在 600 s 处,应力、声发射脉冲数及能量均达到最大值,且在约 500 s 处(约 0.8 倍峰值),岩石试件由弹性状态向塑性状态过渡位置,声发射脉冲数及能量发生跳跃,增大幅度较大,说明此时砂岩内部出现了较大的裂隙,但裂隙还没有完全贯通,当主破裂产生时声发射脉冲数及能量达到最大值。岩石试件破坏呈现脆性破坏特征,且破坏后声发射信号没有再被激发,见图 3-23。

② 试件加载初期,声发射试件即被激发,在其破坏前,声发射试件的产生较为均匀。这是因为该类砂岩为颗粒支撑,受载后颗粒之间相互挤压而激发了声发射信号的产生,弹性变形阶段该类砂岩干燥状态下声发射脉冲数和能量水平变化均较为平缓,说明该阶段砂岩变形仍以颗粒间挤压和微裂隙的产生为主。

③ 对比图 3-27 和图 3-24 可知,粗粒泥质长石砂岩干燥状态声发射脉冲数和能量均明显高于中粒泥质长石岩屑砂岩,这与二

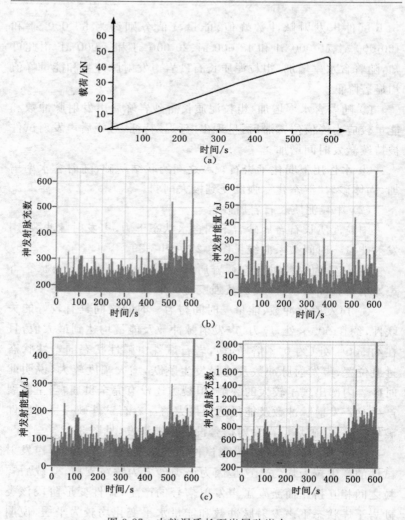

图 3-27 中粒泥质长石岩屑砂岩力、
声发射脉冲数、能量—时间关系曲线(干燥)
(a) 力—时间曲线;(b) 声发射谐振频率 51.76 kHz;(c) 声发射谐振频率 19.8 kHz

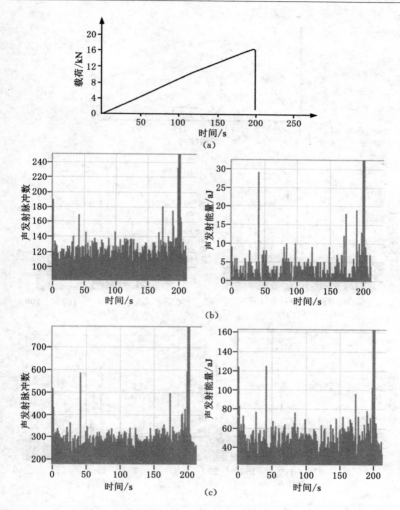

图 3-28 中粒泥质长石岩屑砂岩力、
声发射脉冲数、能量—时间关系曲线（浸水 1 h）

（a）力—时间曲线；（b）声发射谐振频率 51.76 kHz；（c）声发射谐振频率 19.8 kHz

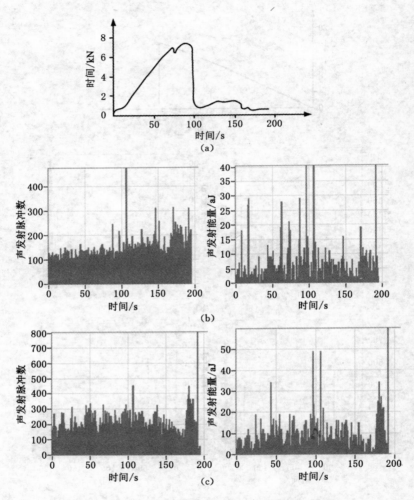

图 3-29　中粒泥质长石岩屑砂岩声发射脉冲数、
能量—时间关系曲线（浸水 8 h）

(a) 力—时间曲线；(b) 声发射谐振频率 51.76 kHz；(c) 声发射谐振频率 19.8 kHz

者颗粒大小及受载后变形规律存在差异有关。

图 3-28 为中粒泥质长石砂岩烘干后浸水 1 h 后单轴压缩状态下声发射特性曲线,含水率为 2.01%。

① 岩石声发射脉冲数及能量—时间曲线与力—时间曲线具有较好的关联性,在应力峰值位置(约 200 s 处)声发射脉冲数和能量达到最大值,且在应力峰值位置前(约 180 s)处声发射脉冲数及能量产生跳跃,但声发射脉冲数及能量小于应力峰值处所激发的声发射脉冲数及能量。

② 该类岩石浸水后单轴抗压强度明显降低,在受载初期声发射脉冲数较干燥状态时增加明显(见图 3-27),这与岩石浸水后内摩擦因数及黏聚力降低有关,但声发射脉冲数及能量峰值均较干燥状态降低。

③ 在受载 50 s 时,谐振频率 51.76 kHz 和 17.8 kHz 均产生一个声发射脉冲数和能量的峰值点,说明岩石在该应力值附近多处微裂隙产生闭合和岩石多数内部微结构弱面抗剪强度存在一个相近的峰值,超过该值后将产生闭合,激发声发射信号的产生。

图 3-29 为中粒泥质长石岩屑砂岩浸水 8 h 后单轴压缩状态下声发射特性曲线,含水率 5.48%。

① 浸水 8 h 后中粒泥质长石岩屑砂岩单轴抗压强度与干燥和浸水 1 h 相比,降低明显。

② 声发射脉冲数、能量峰值较应力峰值位置滞后产生,存在一定的"延迟",由此可以推断,含水率的增加,改变了岩石的破坏形态或者破坏方式,使得应力峰值与声发射脉冲数及能量峰值产生的时间不一致。

综上可知:

① 干燥状态下,含水砂岩岩样应力峰值与声发射脉冲数及能量峰值一一对应,而随着含水砂岩含水率增加,声发射脉冲数及能量峰值较应力峰值滞后产生。这为预测预报含水砂岩顶板失稳变

形提供了理论依据。

②　水对岩石材料的物理力学性质有较大影响,特别是在水岩作用下引起岩石强度和弹性模量降低、岩石的裂纹扩展速率变缓,声发射技术特征呈现为在受载过程中岩石产生的声发射强度峰值减小。水的存在使岩石内部结构面的内摩擦因数降低,导致结构面在较低的应力水平就会产生滑移扩展,产生声发射信号,因此,一般而言含水率越高的岩样峰前阶段声发射信号要多一些。由此我们可以得出,水对岩石变形破坏的声发射特征及岩石的物理化学性质的影响较为显著。

③　根据 3.1.2 部分含水砂岩鉴定成果可知,粗粒泥质长石砂岩的颗粒较大,粒度以 0.5～1 mm 为主,而中粒泥质长石岩屑砂岩粒度以 0.25～0.5 mm 为主。从两种砂岩的声发射特性曲线可以看出,由于粗粒泥质砂岩的颗粒粒度较大,在同样的外载荷作用下,颗粒之间相互作用时摩擦力较大,导致其声发射总体的活动水平得到提高。

④　一般而言,岩石加载初期的声发射是因岩石内部原生裂纹闭合而产生的,此时产生的能量较低,波动性也比较大。主破裂发生前后,岩体相对来说处于一个稳定的状态,声发射事件较少。当主破裂面产生时,试件破坏时声发射率和声发射能量达到最大值。

⑤　由于含水砂岩结构松散、晶粒粗、颗粒支撑和孔隙较为发育,所以声发射事件较为均匀,特别是浸水后的砂岩样更是如此。在试验开始的初期,含水砂岩的声发射现象就比较明显,这是由于在较低的应力状态下砂岩颗粒破碎以及结构面产生滑移而引起岩样变形,该变形由两部分组成:一部分是组成岩样颗粒发生破坏产生的压缩变形;另一部分是岩样内孔隙裂隙发生结构变化产生的变形。

3.4 含水砂岩三轴压缩及渗透性试验

本节开展了富水巷道顶板中粒泥质长石岩屑砂岩(简称含水砂岩)三轴压缩及渗透性试验,同时,为了获得与渗透试验类似条件下的全应力应变曲线,需要首先对岩石饱水试件进行常规三轴压缩试验。

3.4.1 试验设备

本试验所采用的试验设备为 MTS815.03 型电液伺服试验机,见图 3-30。

图 3-30 MTS815.03 型电液伺服岩石力学试验系统

该系统由计算机控制试验全过程,数据自动采集,它具有自动化程度高、试验精度高和数据处理快捷等特点,配置有轴压、围压和孔隙压 3 套独立的闭环伺服控制系统,且具备载荷、冲程和应变三种控制方式,还可进行三轴压缩、孔隙水压及水渗透等试验。

3.4.2 含水砂岩的饱水

为了避免试件不饱水或不够充分饱水会造成渗流过程不畅导致的渗透压差可能局部升高现象,在进行渗透试验前必须先使试件充分饱水。含水砂岩浸水过程中易于崩解,见图 3-31,这与其矿物成分中富含黏土矿物有关,见本书第 3.1.2 部分。

图 3-31　含水砂岩崩解

试件饱水过程中采取如下技术措施和方法,见图 3-32:

(1) 在试件两端各放一个渗透压头,用来保证试件上端遇水不泥化散塌。

(2) 把试件和渗透压头缠一圈胶带,可以使试件遇水后在环向上不变形。

(3) 在胶带外部热缩密封塑料 3 层(保证试件在外壁上不向外渗水),并将热缩塑料在试件上端渗透压头的上部热缩形成一渗水容器。

(4) 在渗水容器内装水自然渗透并随时装水,试件放在干燥卫生纸上以观察试件水是否渗透到试件下端,并据此判定试件是否已饱水。

(5) 待试件饱水后将其端头的热缩塑料渗水容器剪除,并用红色胶带缠绕试件,准备进行渗透试验。

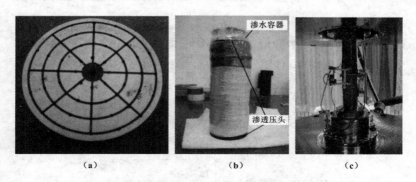

图 3-32　含水砂岩饱水过程

（a）渗透压头；（b）岩样渗水；（c）饱水完成

3.4.3　试验结果与分析

（1）含水砂岩三轴压缩试验

以 46$^{\#}$ 含水砂岩饱水试件为例，展开说明其三轴压缩状态下的力学特性。试件尺寸为 ϕ49.80 mm×101.68 mm，围压 5.0 MPa。全应力应变曲线如图 3-33 所示。

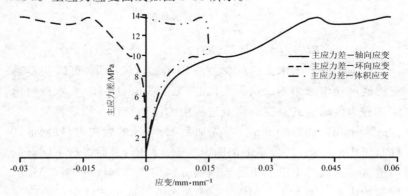

图 3-33　含水砂岩全应力应变曲线

由图 3-33 可知,试件在加载到一定轴向位移时,主应力差 $(\sigma_1 - \sigma_3)$ 达到了一个峰值 13.76 MPa,即 $\sigma_1 = 18.76$ MPa,但该值变化变化非常平缓,且随着轴向位移继续加载,主应力差稍稍降低后又逐渐增大,直到试验最后轴向应变达到 0.058 3(轴向位移为 5.930 mm)时,主应力差增大到 13.81 MPa,且还在逐渐增大,试件呈明显的塑性破坏特征和剪切破坏带。试验结束后试件破坏形态见图 3-34。

图 3-34　含水砂岩破坏形态

(2) 含水砂岩饱水试件的渗透试验

根据粗砂岩饱水试件的常规三轴压缩试验结果,可以初步确定渗透试验渗透率测试点的位移值,见表 3-8。以 50# 含水砂岩饱水试件为例研究其全应力应变过程中的渗透特性。该试件尺寸为 $\phi 49.10$ mm $\times 102.80$ mm。首先加载 1.0 kN 的轴向力,以保证试件与压头的接触;然后逐渐加围压到 5.0 MPa;最后进行不同点的渗透试验。试件上下端头的水压值分别为 3.0 MPa 和 2.0 MPa,即初始渗透压差为 1.0 MPa。50# 含水砂岩饱水试件全应力应变过程的应变—渗透率曲线见图 3-35。

表 3-8　　　　　　　　　　　渗透率测试点位移值

试验点	轴向			环向		
	变形/mm	应变	始变形/mm	始应变	终变形/mm	终应变
1	0.17	0.001 654	−0.001 2	−7.779 47E−06	−0.001 8	−1.166 92E−05
2	0.25	0.002 432	−0.003	−1.944 87E−05	−0.003	−1.944 87E−05
3	0.4	0.003 891	−0.002 6	−1.685 55E−05	−0.003	−1.944 87E−05
4	0.5	0.004 864	−0.001 8	−1.166 92E−05	−0.002 6	−1.685 55E−05
5	0.65	0.006 323	0.039	0.000 252 833	0.022	0.000 142 624
6	0.85	0.008 268	0.1744	0.001 130 616	0.158 6	0.001 028 186
7	1.1	0.010 7	0.336	0.002 178 251	0.328 3	0.002 128 333
8	1.8	0.017 51	1.068 1	0.006 924 375	1.010 6	0.006 551 608
9	3	0.029 183				
6.5	1.079	0.010 496	0.311 9	0.002 022 013		

试验点	始应力 /MPa	终应力 /MPa	101S压差 /kPa	200S压差 /kPa	渗透率 /10^{-7} Darcy
1	5.53	5.28	908.26	829.76	109.649 2
2	6.59	5.91	781.96	670.5	186.536 7
3	9.94	9.02	805.45	691.63	184.802 3
4	11.87	10.88	766.1	657.27	185.855
5	13.71	12.62	747.52	634.97	197.943 2
6	15.12	13.64	729.88	609.47	218.694 3
7	15.93	14.48	742.24	624.1	210.290 1
8	14.13	13.23	743.63	605.63	249.000 1
9	13.66	13.04	748.2	613.11	241.542
6.5	16.32				

备注：6.5[#] 点不是渗透试验点，是在完成 6[#] 点渗透试验加载至 7[#] 点过程中的试件的最大承载能力，即该试件的强度。1 Darcy≈0.987 μm^2。

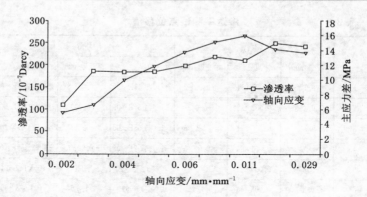

图 3-35   含水砂岩应变—渗透率曲线

由图 3-35 可知：

① 试件渗透率在加载开始时相对较低，为 109.6×10^{-7} Darcy，当轴向应变增大为 2.43×10^{-3} 时，渗透率增大为 186.5×10^{-7} Darcy，但随着继续加载，渗透率变化不大，直到试件破坏后渗透率达到最大值 249.0×10^{-7} Darcy。

② 试验结束后，试件表面没有明显或宏观的破坏裂隙产生，见图 3-36。

图 3-36   渗透试验结束后含水砂岩试件形态

综上可知:围岩为 5.0 MPa 时,饱水含水砂岩三轴压缩状态下呈现塑性流动特性,其主应力差随着应变增加不断增加,较单轴压缩强度提高了约 20 倍(见图 3-22);饱水含水砂岩渗透率存在突变点,且突变之后渗透率基本保持恒定,直至试件破坏渗透率达到最大值。

3.5 本章小结

利用实验室 X 射线仪和扫描电镜分别测试了富水巷道顶板软弱岩层、含水砂岩矿物组分及其微结构特征,并对含水砂岩进行了分类;利用声发射及单轴抗压强度、变形测试试验系统,研究了不同含水状态下含水砂岩强度、变形及其声发射变化特征,并测试了含水砂岩渗透性变化规律。得到了如下结论:

(1)富水巷道顶板软弱岩层试验研究表明:顶板中泥岩、粉砂质泥岩中高岭石、蒙脱石及伊蒙混层分别占 64% 和 45%、18% 和 31.0%、13% 和 15%、3% 和 7%;泥岩、粉砂质泥岩颗粒间立体网络状孔洞、孔隙较为发育,为水分与岩石颗粒及其填隙物之间作用提供了原始通道。按照甘布尔耐崩解性分类方法,富水巷道顶板泥岩具有中等耐崩解性;粉砂质泥岩膨胀变形呈现出 3 个阶段,分别为加速膨胀变形阶段、残余膨胀变形阶段和三向受力状态下崩解阶段。

(2)含水砂岩分为中粒长石岩屑砂岩和粗粒泥质长石砂岩,其单轴抗压强度、弹性模量与其含水率之间呈负指数关系;水作用下,含水砂岩破坏形式发生了变化,从干燥状态下沿岩样轴向的拉张破裂向端面碎裂破坏过渡。粗粒泥质长石砂岩和中粒泥质长石岩屑砂岩中黏土矿物、石英、长石含量分别占 59.9% 和 39.2%、23.5% 和 29.6%、14.2% 和 28.2%,黏土矿物中高岭石、蒙脱石及伊蒙混层、伊利石和绿泥石分别占 40.1% 和 24.8%、11.3% 和

4.8％、6.4％和 5.5％、2.1％和 4.1％。含水砂岩颗粒间裂隙发育、连通性好,且颗粒间孔洞多角状孔隙具有明显的通道效应,颗粒原生孔洞发育。

（3）含水砂岩声发射特征试验表明:① 干燥状态下,含水砂岩岩样应力峰值与声发射脉冲数及能量峰值一一对应,而随着含水砂岩含水率增加,声发射脉冲数及能量峰值较应力峰值滞后产生。② 水的存在使岩石内部结构面的内摩擦因数降低,导致结构面在较低的应力水平就会产生滑移扩展,产生声发射信号,因此,一般而言含水率越高的岩样峰前阶段声发射信号要多一些。③ 粗粒泥质长石砂岩的颗粒较大,粒度以 0.5～1 mm 为主,而中粒泥质长石岩屑砂岩粒度以 0.25～0.5 mm 为主,是导致粗粒泥质砂岩声发射总体活动水平较高的原因。④ 岩石加载初期的声发射是岩石内部原生裂纹闭合而产生的,此时产生的能量较低,波动性也比较大。⑤ 主破裂发生前后,岩体相对来说处于一个稳定的状态,声发射事件较少。当主破裂面产生时,试件破坏时声发射率和声发射能量达到最大值。⑥ 由于含水砂岩结构松散、晶粒粗、颗粒支撑和孔隙较为发育,所以声发射事件较为均匀,特别是浸水后的砂岩样更是如此。

（4）围岩为 5 MPa 时,饱水含水砂岩三轴压缩状态下呈现塑性流动特性,其主应力差随着应变增加不断增加;饱水含水砂岩渗透率存在突变点,且突变之后渗透率基本保持恒定,直至试件破坏渗透率达到最大值。

4 富水巷道顶板强度弱化基本原理

本章进一步研究富水条件下顶板强度弱化的机理,主要包括顶板强度弱化特征实测分析、富水顶板巷道围岩弹塑性理论分析,以及水作用下巷道顶板强度弱化规律数值模拟研究等。

4.1 水作用下顶板强度弱化特征实测分析

4.1.1 巷道顶板内部裂隙发展发育规律

（1）探测仪器

采用 TYGD10 型岩层钻孔探测仪研究富水巷道顶板内部裂隙发展发育规律,探测仪器及其探测原理见图 4-1。

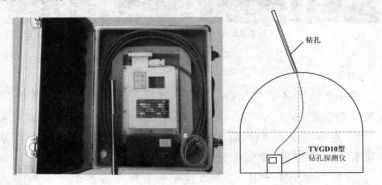

图 4-1 岩层钻孔探测仪实物和原理图

（2）观测方案

为了对比分析富水巷道顶板在有水、无水作用时,其内部裂隙发展发育规律,现场选择典型区域布置钻孔进行连续观测,观测方案见表 4-1。

表 4-1　　　　　　　　　　　　　钻孔探测观测方案

钻孔编号	钻孔直径 /mm	钻孔深度 /m	钻孔方向	钻孔状况	观测时间
G1 和 G2	33.0	3.0	与顶板垂直	无淋水	掘出后 1 d, 1 个月和 3 个月
G3 和 G4	33.0	6.0		淋水 2 个月后结束	

(3) 观测结果分析

富水巷道顶板遇水前后内裂隙发展发育规律见图 4-2～图 4-4。

有水 0.5 m　　　　　有水 2.0 m　　　　　无水 0.5 m　　　　　无水 2.0 m

图 4-2　掘后 1 天巷道顶板内部裂隙

由图 4-3 和 4-4 可知,水作用下顶板内部裂隙随着开挖时间的变化而变化,呈现出如下特点:

① 巷道掘出 1 d 后,有水和无水作用下巷道顶板均没有明显裂隙和破坏带出现,完整性较好。

② 巷道掘出 1 个月后,无水顶板和有水顶板在 1.0 m 范围之内均有不同程度的裂隙或破坏带产生,有水顶板在裂隙数目及其破坏程度上均较无水顶板有所增加,水作用明显弱化了顶板强度。

③ 巷道开挖 3 个月后,无水顶板内部裂隙基本趋于稳定,裂

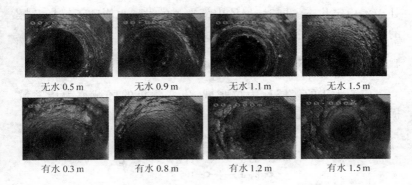

无水 0.5 m　　　　无水 0.9 m　　　　无水 1.1 m　　　　无水 1.5 m

有水 0.3 m　　　　有水 0.8 m　　　　有水 1.2 m　　　　有水 1.5 m

图 4-3　1 个月后巷道顶板内部裂隙

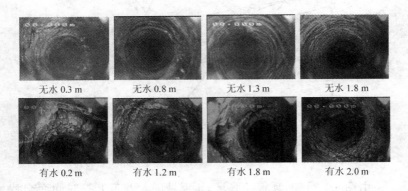

无水 0.3 m　　　　无水 0.8 m　　　　无水 1.3 m　　　　无水 1.8 m

有水 0.2 m　　　　有水 1.2 m　　　　有水 1.8 m　　　　有水 2.0 m

图 4-4　3 个月后巷道顶板内部裂隙

隙发育区主要集中在 1.0 m 范围内,而水作用下顶板内部裂隙仍在不断发展,只是较刚掘出时扩展速度有所减缓。

　　通过以上分析可知,巷道顶板是否受到水的作用,其内部裂隙产生的数目及其范围均是随着时间变化的动态发展过程。无水作用时巷道顶板裂隙在掘进稳定期内停止发育,巷道顶板进入稳定蠕变阶段。而水作用下顶板裂隙在掘进稳定期间仍在扩展发育,处于不稳定状态。同时,岩体内部裂隙的发展也影响了锚杆、锚索的黏结强度,削弱了锚固体的强度[137,138]。

4.1.2 水作用下顶板深部位移规律

应变为正的区域称为拉张域,应变为负的区域称为压缩域。横坐标表示距离顶板表面的距离,以 L 表示,纵坐标为应变值。

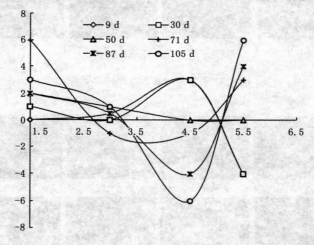

图 4-5 顶板深部位移曲线

由图 4-5 可知,顶板拉张域、压缩域随着巷道开挖时间而交替变化,反映了顶板应力状态及其强度变化规律。其中,1.5~3.0 m 为顶板拉张域,最大值出现在 1.0 和 2.0 m 之间,说明该范围为顶板发生扩容变形的主要区域;在 3.0~5.0 m 之间的岩石由拉张域向压缩域逐渐过渡,该区域内的离层逐渐闭合;而在 5.0~6.0 m 范围内岩石由压缩域渐渐变为拉张域,说明该处产生了离层。水作用下顶板产生较大扩容变形而削减了顶板强度,导致其发生较大变形,而锚索的支护阻力较小而没能有效约束顶板离层,如果不及时采取补强支护技术措施,易于发生大面积冒顶。

由此可见,富水巷道顶板受水侵蚀弱化作用后,顶板强度弱化区域呈现出明显阶段性特点,前期变形以软弱岩层扩容变形为主,随着时间推移,后期顶板变形向深部进一步扩展,以含水砂岩离层为主。特别是在水作用下,顶板变形及破坏程度增加而引起锚杆、锚索支护系统强度和刚度降低,而在巷道进一步发生较大变形时,锚索的支护阻力不足以控制顶板离层,易于引起顶板变形失稳。

综上,富水巷道顶板强度弱化不仅取决于顶板岩石性质,而且与水作用下引起的顶板内部裂隙的不断扩展发育,以及含水砂岩发生较大离层等密切相关。

4.2 富水巷道弹塑性理论分析

深埋圆形巷道围岩的弹塑性理论分析,在很多文献中均有较为详细的论述[121,139],并推导求解了在有无支护作用下塑性区半径、位移等,而关于富水巷道围岩的弹塑性理论研究很少。本节结合弹塑性理论和岩石渗流的基本理论,得到了富水巷道在有支护、无支护情况下塑性区半径和位移计算公式,并分析了影响塑性区半径和位移的因素。

4.2.1 理论模型建立

(1)基本假设

在深埋岩体中,开挖圆形巷道,可利用弹塑性力学分析该巷道二次应力的弹塑性状态。岩体开挖后,破坏了原有岩体自身应力平衡状态,岩体进行二次应力调整,在巷道壁出现应力超出岩体屈服强度的现象,这时接近巷道壁的部分岩体将进入塑性状态,而塑性以外的围岩体则为弹性状态[121,140]。为了分析含水巷道围岩弹塑性分布状态,需要做出以下假设:① 岩体为均质、各向同性的等效连续渗透介质,原岩应力为各向等压;② 巷道断面为圆形,长度无限长,可作为平面应变问题处理;③ 埋深大于 20 倍圆形巷道半径;④ 远场静水压力在同一半径上大小相等;⑤ 地下水的流动符合达西定律。

(2)模型的建立

设深埋圆形巷道半径为 R_0,塑性区半径为 R_p,半径 R_d 以外形成的稳定渗透场水压力与原始渗透场水压力 p_d 相同,R_d 为外水影响半径,理论分析几何模型见图 4-6。

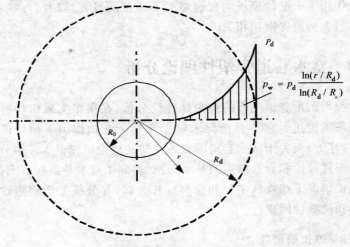

图 4-6 弹塑性理论分析几何模型

4.2.2 理论分析

外水影响半径 R_d 可由裘布依公式(抽水试验)确定[141];根据渗流理论,巷道渗透水压力场 p_w 分布律为[142,143]

$$p_w = \begin{cases} p_d, r \geqslant R_d \\ p_d \dfrac{\ln(r/R_d)}{\ln(R_d/R_0)}, R_0 \leqslant r \leqslant R_d \end{cases} \tag{4-1}$$

设含水围岩为两相介质体,于是满足平衡微分方程

$$\frac{d\sigma_r}{dr} + \frac{\sigma_r - \sigma_\theta}{r} - \alpha \frac{dp_w}{dr} = 0 \tag{4-2}$$

式中,α 为有效水压力系数[142],它与材料的孔隙率有关,不透水时 $\alpha=0$,全透水时 $\alpha=1$。

假定岩体服从莫尔—库仑屈服条件,则有:

$$\sigma_\theta = \frac{1+\sin\varphi}{1-\sin\varphi}\sigma_r + \frac{2\sin\varphi}{1-\sin\varphi}(C\cot\varphi - \alpha p_w) \tag{4-3}$$

将式(4-1)和式(4-3)代入式(4-2)整理得,当 $R_0 \leqslant r \leqslant R_d$ 时:

$$\frac{d\sigma_r}{dr} - \frac{\sigma_r 2\sin\varphi}{r(1-\sin\varphi)} - \frac{1}{r}\left[\frac{2C\cos\varphi}{1-\sin\varphi} + \frac{\alpha p_d}{\ln(R_d/R_0)}\right] +$$
$$\frac{2\alpha p_d \sin\varphi}{(1-\sin\varphi)\ln(R_d/R_0)} \frac{1}{r}\ln\frac{r}{R_0} = 0 \tag{4-4}$$

下面分有支护和无支护两种状态对富水巷道围岩弹塑性进行分析。

(1) 巷道围岩无支护情况分析

$r = R_0$ 时,$\sigma_r = 0$ 为定解条件,求解微分方程式(4-4),并利用式(4-3)得:

$$\left. \begin{aligned} \sigma_r &= \left(C\cot\varphi + \frac{1-\sin\varphi}{2\sin\varphi} \cdot \beta\right)\left[\left(\frac{r}{R_0}\right)^\xi - 1\right] \\ \sigma_\theta &= \left(C\cot\varphi + \frac{1-\sin\varphi}{2\sin\varphi} \cdot \beta\right)\left[\frac{1+\sin\varphi}{1-\sin\varphi} \cdot \left(\frac{r}{R_0}\right)^\xi - 1\right] - \beta \end{aligned} \right\}$$
$$\tag{4-5}$$

其中 $\xi = \dfrac{2\sin\varphi}{1-\sin\varphi}$,$\beta = \dfrac{\alpha p_d}{\ln(R_d/R_0)}$。

由上述分析可知,随着半径 r 的增大,径向应力也将随之增大。根据三向应力作用下岩体的强度特性可知,岩体的强度将随

围压的增加而提高,由此使岩体中的应力逐渐向弹性应力状态过渡。因此,在岩体内必定存在着某一点的应力为弹塑性应力的交界点,即该点的应力即满足塑形应力的条件又满足弹性应力的条件[121]。设围岩塑性区与弹性区交界面的半径为 R_p,界面上的径向应力为 σ_p,作用在无穷远处的初始地应力为 p_0,渗透水压力为 αp_w,于是围岩弹性区应力表达式为[144]:

$$\left.\begin{aligned}\sigma_r &= p_0\left(1-\frac{R_p^2}{r^2}\right)\sigma_p\frac{R_p^2}{r^2}+\alpha p_w\\\sigma_\theta &= p_0\left(1+\frac{R_p^2}{r^2}\right)-\sigma_p\frac{R_p^2}{r^2}+\alpha p_w\end{aligned}\right\} \quad (4\text{-}6)$$

在弹塑性交界处 $r=R_p$,$\sigma_{\theta p}=\sigma_{\theta e}$,$\sigma_{rp}=\sigma_{re}$ 得塑性区半径:

$$R_p=R_0\left[\frac{(1-\sin\varphi)(p_0+C\cot\varphi-\beta/\sin\varphi)}{C\cot\varphi-2\beta/\xi}\right]^{\frac{1}{\xi}} \quad (4\text{-}7)$$

由上式可知,塑性区半径不仅与岩体自身的性质、强度有关,而且还要受到初始地应力 p_0、巷道半径 R_0,渗透水压力场 p_w 等因素的影响。

弹塑性交界面上的应力($r=R_p$):

$$\left.\begin{aligned}\sigma_{rp}^* &= [p_0+C\cot\varphi+(1-2\alpha)p_d](1-\sin\varphi)-C\cos\varphi\\\sigma_{\theta p}^* &= [p_0+C\cot\varphi+(1-2\alpha)p_d](1+\sin\varphi)+C\cos\varphi\end{aligned}\right\} \quad (4\text{-}8)$$

无支护条件下塑性区位移[142] u_p 为:

$$u_p=\frac{3R_p^2}{4E_0 r}(\sigma_{\theta p}^*-\sigma_{rp}^*)=\frac{3R_p^2}{2E_0 r}\{[p_0+(1-2\alpha)p_d]\cdot\sin\varphi+2C\cos\varphi\}$$

$$(4\text{-}9)$$

式中,E_0 为 $\mu=0.5$ 时的 E 值。由式(4-9)可知,径向位移与岩体的强度参数内聚力 C、内摩擦角 φ、塑性区内的变形常数 E_0、初始地应力 p_0、塑性区半径 R_p 以及任意一点到巷道中心的距离 r 等因素有关。

(2)锚杆支护情况分析

对巷道进行锚杆支护后，可简化为巷道周边外边界受均布压力，即 $r=R_0$，$\sigma_r=p_i$ 为定解条件，求解微分方程式(4-4)，并利用式(4-3)得：

$$
\left.
\begin{aligned}
\sigma_r &= \left(C\cot\varphi + \frac{1-\sin\varphi}{2\sin\varphi}\cdot\beta\right)\left[\left(\frac{r}{R_0}\right)^{\xi}-1\right] + \\
&\quad \left[p_i+(1-\alpha)p_d\right]\left(\frac{r}{R_0}\right)^{\xi} \\
\sigma_\theta &= \left(C\cot\varphi + \frac{1-\sin\varphi}{2\sin\varphi}\cdot\beta\right)\left[\frac{1+\sin\varphi}{1-\sin\varphi}\cdot\left(\frac{r}{R_0}\right)^{\xi}-1\right] + \\
&\quad \left[p_i+(1-\alpha)p_d\right]\left(\frac{r}{R_0}\right)^{\xi}-\beta
\end{aligned}
\right\}
$$

$$(4\text{-}10)$$

设围岩塑性区与弹性区交界面的半径为 R_p'，界面上的径向应力为 σ_p'，于是围岩弹性区应力表达式为

$$
\left.
\begin{aligned}
\sigma_r' &= p_0\left(1-\frac{r_p'^2}{r^2}\right)+\sigma_p''\frac{r_p'^2}{r^2}+\alpha p_w \\
\sigma_\theta' &= p_0\left(1+\frac{r_p'^2}{r^2}\right)-\sigma_p''\frac{r_p'^2}{r^2}+\alpha p_w
\end{aligned}
\right\}
$$

$$(4\text{-}11)$$

若 $r=R_p'$，在弹塑性交界处 $\sigma_r'^e=\sigma_r'^p$，$\sigma_\theta'^e=\sigma_\theta'^p$，由此得塑性区半径

$$
R_p' = R_0\left[\frac{(1-\sin\varphi)(p_0+C\cot\varphi-\beta/\sin\varphi)}{p_i+C\cot\varphi-2\beta/\xi}\right]^{\frac{1}{\xi}} \quad (4\text{-}12)
$$

弹塑性交界面上的应力($r=R_p'$)：

$$
\left.
\begin{aligned}
\sigma_{rp}^* &= \left[p_0+C\cot\varphi+(1-2\alpha)p_d\right](1-\sin\varphi)-C\cos\varphi \\
\sigma_{\theta p}^* &= \left[p_0+C\cot\varphi+(1-2\alpha)p_d\right](1+\sin\varphi)+C\cos\varphi
\end{aligned}
\right\}
$$

$$(4\text{-}13)$$

有支护条件下塑性区位移：

$$
u_p' = \frac{3R_p^2}{4E_0 r}(\sigma_{\theta p}^*-\sigma_{rp}^*) = \frac{3R_p'^2}{2E_0 r}\{\left[p_0+(1-2\alpha)p_d\right]\cdot\sin\varphi+2C\cos\varphi\}
$$

$$(4\text{-}14)$$

4.2.3　塑性区半径及位移影响因素分析

由 4.2.2 部分理论分析结果可知,富水巷道围岩塑性区半径及位移的大小主要与内摩擦角、内聚力、原岩应力、支护强度、原始渗透水压力、有效水压力系数等参数有关。下面利用 MATLAB 较强的图像处理能力,研究巷道在有支护和无支护两种状态下各影响因素的作用。巷道围岩内聚力 C 取为 0.85 MPa、内摩擦角 φ 取为 30°,围岩弹性模量 E_0 取为 14.64 GPa,巷道半径 R_0 取为 2.0 m。

（1）巷道塑性区半径及位移与原岩应力的关系

无支护情况下,巷道塑性区半径及位移与原岩应力之间的关系见图 4-7,取 $p_d=1.0$ MPa,$\alpha=0.3$。

由图 4-7 可知,深埋圆形巷道在无支护情况下,其塑性区半径及位移随着原岩应力的增大而增大,且含水巷道围岩塑性区半径及位移较不含水时大。原岩应力分别为 5.0 MPa 和 25.0 MPa 时,含水围岩塑性区半径及位移较不含水时分别增加 16.7%、30.9% 和 25.0%、40.4%。

（2）巷道围岩塑性区半径及位移与支护强度的关系

取巷道围岩原岩应力 $p_0=5.0$ MPa、15.0 MPa,$p_d=1.0$ MPa,$\alpha=0.3$。

由图 4-8 可知,巷道围岩塑性区半径及位移与支护强度大小近似呈反比,而与原岩应力也近似呈反比,且含水状态较不含水状态时明显增大。当原岩应力分别为 5.0 MPa 时,巷道围岩含水与不含水状态下,支护强度从 0.0 MPa 增加到 0.4 MPa,巷道围岩塑性区半径分别从 2.96 m、3.48 m 减少为 2.64 m、2.95 m,减少幅度分别为 10.8% 和 15.2%。

（3）巷道塑性区半径及位移与原始渗透水压力的关系

取原岩应力分别为 5 MPa 和 15 MPa,巷道塑性区半径及位移在不同原始渗透场水压力作用下的变化见图 4-9。

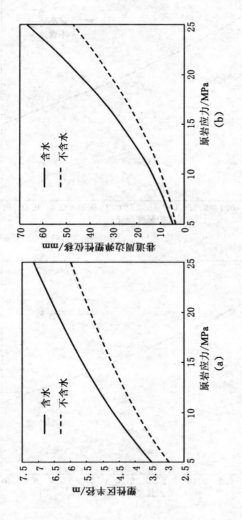

图 4-7　巷道塑性区半径及位移与原岩应力的关系

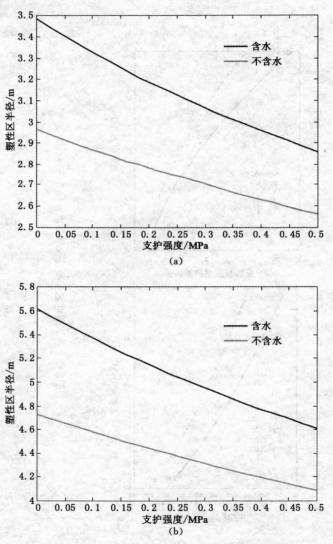

图 4-8　巷道塑性区半径及位移与支护强度的关系

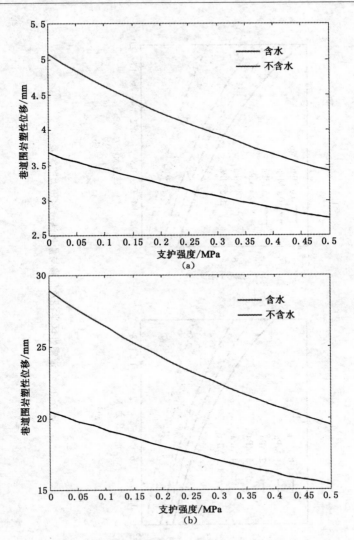

续图 4-8　巷道塑性区半径及位移与支护强度的关系

(a) 5.0 MPa；(b) 15.0 MPa；(c) 5.0 MPa；(d) 15.0 MPa

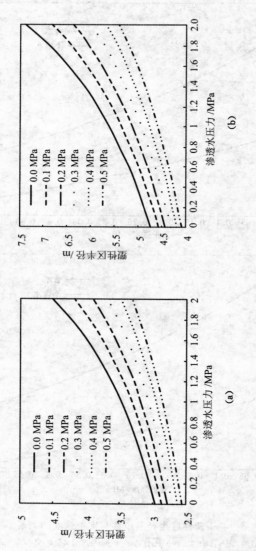

图 4-9　巷道塑性区半径及位移与原始渗透水压力的关系

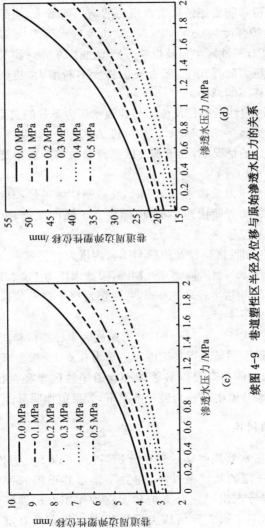

续图 4-9 巷道塑性区半径及位移与原始渗透水压力的关系

(a) 5.0 MPa; (b) 15.0 MPa; (c) 5.0 MPa; (d) 15.0 MPa

由图 4-9 可知,在同一原岩应力和支护强度作用下,巷道围岩塑性区半径和位移随着原始渗透水压力的增大而增大,当原岩应力为 5.0 MPa、支护强度为 0.0 MPa 时,原始渗透水压力从 0.0 MPa 增加至 2.0 MPa,塑性区半径及位移分别增加了约 50% 和 155%;在相同渗透场水压力的作用下,随着支护强度不断增大,巷道围岩塑性区半径及位移不断减小。

(4) 巷道塑性区半径及位移与有效水压力系数的关系

原岩应力 $p_0 = 5.0$ MPa,支护强度为 0.1～0.5 MPa,在不同有效水压力系数的情况下,巷道塑性区半径及位移随着渗透系数的变化关系见图 4-10。

当有效水压力系数大于 0.7 时,巷道塑性区半径和位移随着有效水压力系数增大而快速增加,但随着支护强度提高,可显著减小塑性区半径及位移。

(5) 巷道塑性区半径及位移与围岩内聚力的关系

内摩擦角 20°,原岩应力 5.0 MPa,渗透水压力 1.0 MPa,有效水压力系数 0.3,巷道半径取 2.0 m,巷道塑性区半径及位移与内聚力之间的关系见图 4-11。

当内聚力大于 0.6 MPa 时,巷道塑性区半径和位移随着内聚力的增加减小得不明显。当巷道围岩内聚力在 0.1～0.3 MPa 范围之间时,支护强度的提高可以显著减小巷道塑性区半径及位移,说明支护对于富水巷道围岩较为破碎情况下,效果更加明显。

4.2.4　结果讨论

通过对富水巷道弹塑性理论分析,得到了以下几方面结论:

(1) 在一定的假设条件下,建立了富水巷道围岩弹塑性理论分析模型,推导求出了在有支护和无支护作用下塑性区半径及位移计算公式,对于研究分析该类围岩稳定性状态具有重要的指导意义。

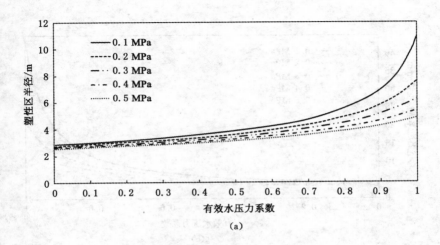

(a)

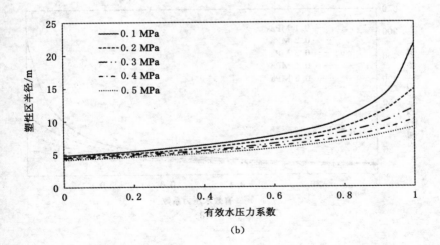

(b)

图 4-10 巷道塑性区半径及位移与有效水压力系数的关系

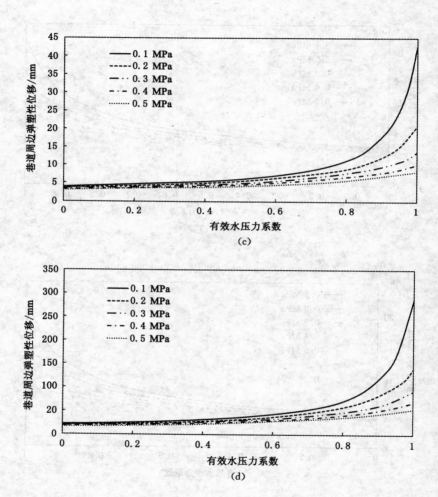

续图 4-10　巷道塑性区半径及位移与有效水压力系数的关系

(a) 5.0 MPa；(b) 15.0 MPa；(c) 5.0 MPa；(d) 15.0 MPa

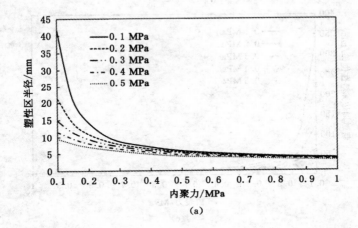

(a)

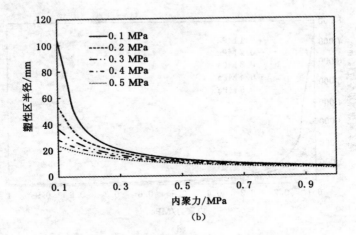

(b)

图 4-11　巷道塑性区半径及位移与内聚力的关系

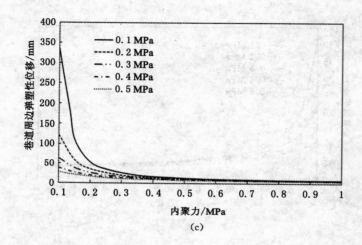

(c)

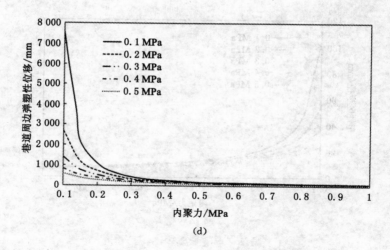

(d)

续图 4-11 巷道塑性区半径及位移与内聚力的关系

(a) 5.0 MPa;(b) 15.0 MPa;(c) 5.0 MPa;(d) 15.0 MPa

（2）利用 MATLAB 软件分析了影响富水巷道围岩稳定的因素。① 水作用下巷道塑性区及位移较无水状态下有所增加，且与原岩应力增大大致呈线性关系增加，而与支护强度近似呈反比。② 增加巷道支护强度能显著减少富水巷道塑性区半径及位移，这为富水巷道顶板采取有效的控制技术手段提供了理论依据。③ 当渗透水压力大于 1.0 MPa 时，对巷道塑性区半径及位移的影响增大，所以有必要采取有效的技术手段降低渗透水压力对岩石的弱化作用。④ 当有效水压力系数大于 0.6 时，巷道塑性区半径及位移发生较大变化，而有效水压力系数与岩石的孔隙密切相关。⑤ 当巷道围岩内聚力小于 0.3 MPa 时，随着内聚力减少，巷道塑性区半径及位移迅速增大，需要提高围岩自承能力以控制围岩变形。

4.3 富水条件下顶板强度弱化规律数值模拟

本节利用 COMSOL3.5a 多场耦合数值模拟软件研究分析了富水巷道顶板下沉量、孔隙水压力在不同含水状态下随着开挖时间的变化规律。

4.3.1 计算模型和方案

（1）COMSOL3.5a 简介

COMSOL3.5a 是一个基于偏微分方程的专业有限元分析软件包。包含了一个基本模块和八个专业模块：AC/DC 模块、射频模块、声学模块、化学工程模块、地球科学模块、传热模块、微机电系统模块、结构力学模块，使用者可以任意组合不同模块中的应用模式实现多物理场的耦合模拟[145]。本书主要应用结构力学和地球科学模块，地球科学模块包括了大量针对地下水流动的简易模型界面。

（2）数值计算模型的建立

本书的数值计算模型是结合神华宁夏煤业集团鸳鸯湖矿区梅花井矿、清水营矿具体生产技术条件建立的,主要岩层包括直接顶软弱岩层、基本顶含水砂岩、底板岩层、煤层和顶板岩层。模型上表面施加均匀的垂直压应力,按照巷道上覆岩体自重考虑(埋深200.0 m),模型底部与两边固定且为零流量边界,巷道开挖边界为渗流边界,据此建立的数值模拟模型见图 4-12。数值计算的煤岩层范围为宽 100.0 m、高 50.0 m,巷道断面设计尺寸为宽 4.0 m、高 3.0 m,具体模型参数见表 4-2。

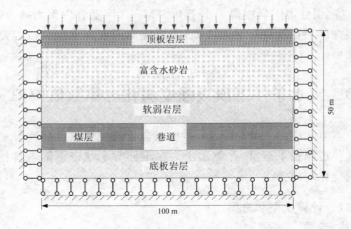

图 4-12　几何模型示意图

（3）模拟方案

巷道初始垂直地应力为 5 MPa,初始孔隙水压力为 1 MPa,通过 COMSOL3.5a 模拟分析富水巷道不同含水率及支护阻力状态下顶板位移特征、顶板水流动规律及孔隙水压力变化规律,数值模拟方案见表 4-3。

表 4-2　　　　　　　　　　　　岩石物理参数

名称	弹性模量 E /GPa	泊松比 μ	岩石密度 ρ /kg·m^{-3}	初始孔隙度 φ	初始渗透系数 k /cm·s^{-1}
顶板岩层	15.2	0.28	2 500	0.18	$3.0e^{-9}$
含水砂岩	含水率函数	0.25	2 680	0.25	$1.9e^{-5}$
软弱岩层	含水率函数	0.28	2 510	0.08	$7.5e^{-9}$
煤层	2.8	0.32	1 350	0.2	$2.1e^{-6}$
底板岩层	9.6	0.28	2 620	0.18	$2.0e^{-10}$

表 4-3　　　　　　　　　　COMSOL3.5a 数值模拟方案

名　称	顶板疏水孔	顶板裂隙面	顶板支护强度 /MPa	岩石含水率 /%	模拟目标
方案 1	无	无	0.0	3.5	顶板岩石不同含水率及支护阻力时,顶板下沉量
				4.0	
			0.2	4.5	
				5.0	
			0.4	5.5	
				6.0	
方案 2	有	有	无	3.5	顶板水流动规律
方案 3	有	有	无	3.5	孔隙水压力变化规律
方案 4	有	有	0.0	3.5	孔隙水压力变化规律
			0.2		
			0.4		

4.3.2　固流耦合方程的建立

（1）固体变形控制方程

饱和岩土体上的外力由岩土介质内的骨架和孔隙水共同承担，外力所引起的岩土体内的总应力由介质骨架内的有效应力和孔隙水压力两部分组成，对于各向同性的岩土体，孔隙流体压力只能使介质发生体积改变而不能使介质产生形状改变，因此，介质的剪应力与孔隙压力无关，而且孔隙压力对介质正应力的影响在各个方向上相同，也即：

$$\sigma_{ij} = \sigma_{ij}' - \alpha_1 p \delta_{ij} \tag{4-15}$$

式中，σ_{ij} 为总应力、σ_{ij}' 为有效应力、p 为孔隙水压力、δ_{ij} 为 Kroneker 符号；α_1 为 Biot 常数。式中符号按弹性力学规定，即拉应力为正，压应力为负。孔隙水压为正。

孔隙度是区别和联系固体物质与多孔介质的一个重要指标。没有孔隙度的参与，有效应力计算公式将无法反映多孔介质的特性。因而对破碎岩体而言，应采用多孔介质的有效应力原理，得到岩体中总的应力为[146]：

$$\sigma_{ij} = \sigma_{ij}' + \varphi p \delta_{ij} \tag{4-16}$$

式中，φ 为破碎岩体的孔隙度。

当岩体介质处于弹性阶段时，静力平衡方程为：

$$-\left(\frac{\partial \sigma_{xx}'}{\partial x} + \frac{\partial \sigma_{yx}'}{\partial y} + \frac{\partial \sigma_{zz}'}{\partial z}\right) = F_x - \varphi \frac{\partial p}{\partial x}$$

$$-\left(\frac{\partial \sigma_{xy}'}{\partial x} + \frac{\partial \sigma_{yy}'}{\partial y} + \frac{\partial \sigma_{zy}'}{\partial z}\right) = F_y - \varphi \frac{\partial p}{\partial x} \tag{4-17}$$

$$-\left(\frac{\partial \sigma_{xz}'}{\partial x} + \frac{\partial \sigma_{yz}'}{\partial y} + \frac{\partial \sigma_{zz}'}{\partial z}\right) = F_z - \varphi \frac{\partial p}{\partial x}$$

介质变形的几何方程为：

$$\varepsilon_{ij} = \frac{1}{2}(u_{i,j} + u_{j,i}) \tag{4-18}$$

由广义胡克定律,应力应变之间满足本构方程:

$$\sigma_{ij} = D_{ijkl}\varepsilon_{kl} \qquad (4\text{-}19)$$

式中,i、j 取值为 $1,2,3$。

将几何方程式(4-18)、本构方程式(4-19),代入平衡方程式(4-17),可以得到用位移表示的平衡方程:

$$-\left[G\,\nabla^2 u + \frac{G}{1-2v}\left(\frac{\partial^2 u}{\partial x^2} + \frac{\partial^2 v}{\partial x \partial y} + \frac{\partial^2 w}{\partial x \partial z}\right)\right] = F_x - \alpha\frac{\partial p}{\partial x}$$

$$-\left[G\,\nabla^2 v + \frac{G}{1-2v}\left(\frac{\partial^2 u}{\partial x \partial y} + \frac{\partial^2 v}{\partial y^2} + \frac{\partial^2 w}{\partial x \partial z}\right)\right] = F_y - \alpha\frac{\partial p}{\partial x}$$

$$-\left[G\,\nabla^2 w + \frac{G}{1-2v}\left(\frac{\partial^2 u}{\partial x \partial y} + \frac{\partial^2 v}{\partial y \partial z} + \frac{\partial^2 w}{\partial z^2}\right)\right] = F_z - \alpha\frac{\partial p}{\partial x}$$

$$(4\text{-}20)$$

写成张量形式为:

$$G\,\nabla^2 u_i + (\lambda+G)\frac{\partial \varepsilon_v}{\partial x_i} - \alpha\frac{\partial p}{\partial x_i} + f_{x_i} = 0 \qquad (4\text{-}21)$$

式中,λ、G 为拉梅常数:

$$\lambda = \frac{E}{(1+v)(1-2v)} \qquad (4\text{-}22)$$

$$G = \frac{E}{2(1+u)} \qquad (4\text{-}23)$$

ε_v 为体积变形:

$$\varepsilon_v = \frac{\partial u}{\partial x} + \frac{\partial \nu}{\partial y} + \frac{\partial w}{\partial z} \qquad (4\text{-}24)$$

式(4-21)就是弹性状态下考虑孔隙水压作用的固体变形控制方程。

(2)渗流场基本方程

假设富水巷道顶板水运动服从达西定律,孔隙水压力表示的达西公式为:

$$v_i = -\frac{1}{\gamma_w}k\frac{\partial(p+\gamma_w z)}{\partial x_i} \qquad (4\text{-}25)$$

式中，k 为介质的渗透系数。

同时，地下水的运动必须满足连续方程，从空间渗流场中任取一点 (x,y,z)，并以该点为中心，取一平行于坐标轴的微小单元体，设其边长分别为 dx,dy,dz，单位时间内分别与 $x，y，z$ 坐标轴垂直的平面的渗流量分别为 q_x,q_y,q_z，则有：

$$\begin{cases} q_x = v_x dy dz \\ q_y = v_y dx dz \\ q_z = v_z dx dy \end{cases} \tag{4-26}$$

dt 时间内从微元体流出的水的体积 ΔQ 为：

$$\Delta Q = \left[\left(q_x + \frac{\partial q_x}{\partial x} dx \right) - q_x + \left(q_y + \frac{\partial q_y}{\partial y} dy \right) - q_y + \right.$$

$$\left. \left(q_z + \frac{\partial q_z}{\partial z} dz \right) - q_z \right] dt \tag{4-27}$$

将式(4-26)代入式(4-27)，即得：

$$\Delta Q = \left(\frac{\partial v_x}{\partial x} + \frac{\partial v_y}{\partial y} + \frac{\partial v_z}{\partial z} \right) dx dy dz dt \tag{4-28}$$

dt 时间内介质内孔隙的改变量 ΔV_v 为：

$$\Delta V_v = \Delta n dx dy dz \tag{4-29}$$

式中，Δn 为介质的孔隙度的改变量。

$$\Delta n = S_a p + \alpha_0 \varepsilon_v \tag{4-30}$$

式中，S_a 为介质的储藏系数，α_0 为孔隙压力系数。

将式(4-30)代入式(4-29)，并由式(4-24)，可得：

$$\Delta V_v = \left[S_a p + \alpha_0 \left(\frac{\partial u}{\partial x} + \frac{\partial v}{\partial y} + \frac{\partial w}{\partial z} \right) \right] dx dy dz \tag{4-31}$$

由渗流的连续性条件，同时考虑渗流体积源项 Q_s：

$$\Delta V_v + \Delta Q = Q_s \tag{4-32}$$

可得渗流的连续性方程：

$$\frac{\partial v_x}{\partial x} + \frac{\partial v_y}{\partial y} + \frac{\partial v_z}{\partial z} + S_a \frac{\partial p}{\partial t} - \alpha_0 \frac{\partial}{\partial t} \left(\frac{\partial u}{\partial x} + \frac{\partial v}{\partial y} + \frac{\partial w}{\partial z} \right) = Q_s \tag{4-33}$$

将达西定律公式(4-25)代入式(4-33):

$$\nabla \cdot \left[-\frac{k}{\gamma_w} \nabla (p + \gamma_w z) \right] + S_a \frac{\partial p}{\partial t}$$

$$= -\alpha_0 \frac{\partial}{\partial t} \left(\frac{\partial u}{\partial x} + \frac{\partial v}{\partial y} + \frac{\partial w}{\partial z} \right) + Q_s \tag{4-34}$$

整理成矢量形式,得:

$$S_a \frac{\partial p}{\partial t} + \nabla \cdot \left[-\frac{k}{\gamma_w} \nabla (p + \gamma_w z) \right] = Q_s - \alpha_0 \frac{\partial}{\partial t} (\nabla \cdot u) \tag{4-35}$$

达西定律和渗流连续性方程反映了渗流的一般规律,对于含水层,必须考虑边界条件和初始条件才能最终通过求解微分方程来确定水头的时空分布。同时应采用多孔介质的有效应力原理。取 $\alpha_0 = \varphi$,则上式为:

$$S_a \frac{\partial p}{\partial t} + \nabla \cdot \left[-\frac{k}{\gamma_w} \nabla (p + \gamma_w z) \right] = Q_s - \varphi \frac{\partial}{\partial t} (\nabla \cdot u) \tag{4-36}$$

(3) 状态方程

考虑岩体介质的渗透系数的非线性,渗透系数与孔隙率之间满足三次方关系:

$$k = k_0 \left(\frac{\varphi}{\varphi_0} \right)^3 \tag{4-37}$$

式中,k_0 为介质的初始渗透系数张量。

考虑岩体骨架变形的影响,破碎岩体介质的孔隙度为

$$\varphi = \frac{\varphi_0 - \varepsilon_v}{1 - \varepsilon_v} \tag{4-38}$$

其中,ε_v 为岩块骨架的体积应变(以压为正),φ_0 为初始孔隙度。

由状态方程式(4-38)可计算孔隙度 φ,为简单起见,在式(4-38)中取 φ 为 ε_v 的线性模型,在小变形时,忽略高阶小量,得到:

$$\varphi = \varphi_0 + (\varphi_0 - 1) \varepsilon_v \tag{4-39}$$

本书第 3 章研究发现含水砂岩强度、变形与含水率呈负指数

关系,见式(3-2)~式(3-5);康红普[15]研究了软弱岩层强度、变形与含水率的定量关系,发现当岩石含水率增加时,其抗压强度及弹性模量显著减少,岩石单轴抗压强度和弹性模量与含水率基本呈线性关系,见式(4-40)和(4-41)。

$$\sigma_c = \sigma_{c0} - A(W - W_1) \tag{4-40}$$

$$E_c = E_0 - B(W - W_1) \tag{4-41}$$

式中:σ_c,E 为岩石遇水后的单轴抗压强度和弹性模量,MPa;σ_{c0},E_0 为岩石遇水前的单轴抗压强度和弹性模量,MPa;W,W_1 为含水率和初始含水率,%;A,B 为与岩石性质有关的系数。

由式(4-22)和式(4-23)可知,拉梅常数 λ、G 是弹性模量的函数,而富水巷道顶板岩石弹性模量又是含水率的函数,所以拉梅常数 λ、G 是含水率的函数。将软弱岩层及含水砂岩与含水率的定量表达式带入式(4-21),则水作用下固体变形控制方程是含水率的函数,且固体变形方程、渗流场基本方程及状态方程构成了流固耦合基本方程,则流固耦合方程与含水率之间建立了函数关系。在 COMSOL3.5a 中写入含水率与弹性模量之间的关系表达式,模拟分析富水巷道顶板变形、孔隙水压力在不同含水状态下的宏观变化规律。

4.3.3　模拟结果与分析

不同含水状态及支护阻力下富水巷道顶板垂直位移云图和巷道顶板位移曲线分别见图 4-13 和图 4-14。

由图 4-13 和图 4-14 可知,随着含水率的增加富水巷道顶板下沉量呈现逐渐增大趋势,含水率增加弱化了顶板强度,引起了巷道顶板变形量的增大;巷道顶板下沉量最大值出现在巷道顶板中间 2.0 m 位置。同时,不同支护强度对顶板下沉量的变化影响不明显。巷道顶板最大下沉量见图 4-15。

由图 4-15 可知,随着含水率的增加,顶板中间位置最大下沉

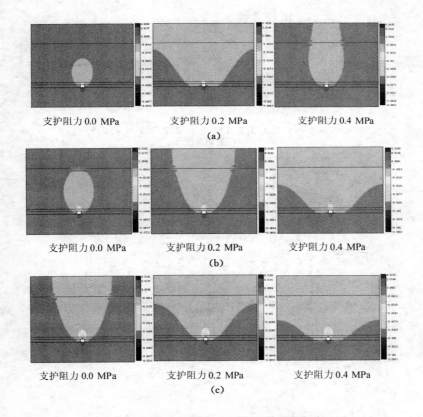

图 4-13 不同含水状态和支护阻力下顶板位移云图

(a) 含水率 $w=3.5\%$; (b) 含水率 $w=4.5\%$; (c) 含水率 $w=5.5\%$

量逐渐增大,当支护阻力为 0.0 MPa 时,含水率为从 3.5% 增加到 6.0%,其顶板最大下沉量增加了 295.7%;含水率为 6.0%,巷道支护强度从 0.0 MPa 增加到 0.4 MPa,顶板下沉量减少了 8.3%。由此可见,在弹性状态下,巷道顶板下沉量主要与其含水率密切相关,而与支护强度的大小关系不大。

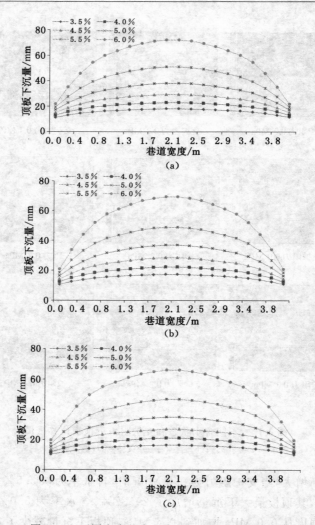

图 4-14　不同含水状态和支护阻力下顶板下沉量

(a) 0.0 MPa；(b) 0.2 MPa；(c) 0.4 MPa

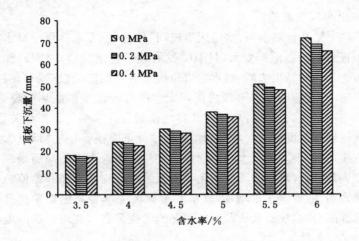

图 4-15 不同含水状态和支护阻力下巷道顶板最大下沉量

4.4 本章小结

通过第 3 章实验室试验研究和本章现场实测、理论分析及数值模拟研究,分析认为富水巷道顶板强度弱化的机理如下:

(1)富水巷道顶板岩层含强膨胀和吸水性的黏土矿物,包括蒙脱石、伊利石以及伊蒙混层等,且其粒间孔洞、孔隙较为发育,具有较好的导水性,是顶板水渗入岩石颗粒的原始通道。同时,巷道开挖后破坏了岩体中原岩应力的平衡状态,使得原来处于三向受力状态的岩体向巷道内部开挖空间产生松胀变形,当这种变形超过岩体承载能力时在顶板形成横向和纵向裂隙,为水岩作用提供了水力通道。而水作用下巷道顶板软弱岩层在吸水、失水过程中易于膨胀、崩解,同时,含水砂岩失水、吸水过程中受到顶板水冲刷、侵蚀而强度弱化。富水巷道顶板岩石组分中含强膨胀和吸水性的黏土矿物以及孔隙、裂隙发育的固有属性,是其顶板遇水后强度弱化的客观条件。

（2）钻孔探测表明，水作用下较同等条件下无水作用时富水巷道顶板裂隙扩展范围要大，且裂隙发展趋于稳定的周期较长；深部顶板位移观测结果表明，富水巷道顶板呈现前期变形以软弱岩层扩容变形为主，后期以含水砂岩离层为主的分阶段变形破坏的特点；实验室试验表明含水砂岩强度及弹性模量与含水率呈负指数关系，而软弱岩层强度随着含水率的增加而线性下降；利用 COMSOL3.5a 数值模拟，结果表明富水巷道顶板下沉量随着含水率增加而呈现逐渐增大现象，含水量的增加弱化了顶板强度。现场实测和数值模拟结果表明，随着含水量增加，富水巷道顶板深部裂隙更加发育且下沉量逐渐增加，顶板水从静态向动态的转变是富水巷道顶板强度弱化的必要条件。

（3）理论计算表明深埋富水圆形巷道塑性区半径及位移与支护强度、岩石内聚力成正比，与地应力、原始渗透水压力和有效水压力系数成反比。含水状态下，原岩应力为 5.0 MPa 和 25.0 MPa 时，巷道围岩塑性区半径及位移较不含水时分别增大了 16.7％和 30.9％、25.0％和 40.4％，水作用下巷道塑性区半径及位移增大；富水巷道塑性区半径及位移随着原始渗透水压力增加而增大，特别是原始渗透水压力大于 0.5 MPa 时，增加速率明显加大；巷道围岩内聚力的变化对其塑性区半径和位移影响显著，而水的作用使得岩石中的黏土矿物理性状发生改变，降低了其内聚力和内摩擦角，随着内聚力的降低则进一步引起了岩体强度的弱化。通过对影响富水巷道塑性区半径及位移的影响因素分析可知：增大巷道围岩支护强度、减少顶板水的弱化作用，是实现富水巷道围岩稳定性控制的关键。

5 富水巷道顶板水渗流特征及稳定控制技术

现代岩石力学揭示,岩石破裂后具有残余强度,巷道松动破裂围岩仍具有较高的承载能力,围岩既是支护压力的根源,又是抵抗平衡原岩应力主要的承载体,而支护的根本目的在于维护和提高松动围岩的残余强度,充分发挥围岩的承载能力。第 4 章富水巷道弹塑性理论分析表明,巷道围岩变形与其物理力学性质密切相关,应重视提高岩体的力学指标,包括提高岩体抗拉、抗压强度、弹性模量、黏结力及内摩擦角等,目前,通常采用的技术措施包括及时封闭暴露围岩、锚杆支护、注浆以及支架壁后充填等技术措施。本书先后运用工程实践及理论分析、实验室试验和数值计算等手段,研究了该类巷道围岩变形失稳的内在原因和外在影响因素,以及变形破坏规律等,为本章进一步提出富水巷道顶板稳定控制的技术体系奠定了基础。富水巷道顶板岩层具有物理力学性质软弱、遇水后强度衰减速度快、稳定性较差等典型特点,控制该类巷道顶板的稳定,不仅要重视提高围岩自身承载能力,还必须结合减少水对顶板岩石弱化的技术措施。本章利用现场实测、数值模拟等手段研究了富水巷道顶板水流动特征、有控疏水和合理保水技术原理、富水巷道断面及支护技术参数的确定、顶板稳定性预测预报技术原理和富水巷道不同顶板条件下分阶段控制技术等。

5.1 富水巷道顶板水流动特征分析

富水巷道顶板在原岩应力状态下处于平衡状态,巷道开挖后形成自由面,水在上覆围岩压力及重力作用下,将沿巷道顶板裂隙流动,而顶板水流动规律及特点与其内部裂隙分布规律密切相关。掌握富水巷道顶板含水层裂隙分布规律、出水层位位置及顶板水流动特点,可为采取合理的疏排水技术措施提供理论依据。

5.1.1　巷道顶板含水砂岩裂隙分布及出水点判别

在富水巷道顶板淋水区域布置钻孔,利用岩层钻孔探测仪观测了含水砂岩内部裂隙分布规律及出水层位位置,钻孔直径 33 mm,长度 8 m,垂直于巷道顶板施工。巷道刚掘出时顶板出现渗水现象,施工锚杆、锚索钻孔时淋水量明显增大。探测钻孔距掘进头 8 m,该处巷道掘出约 10 h,钻孔淋水量较大,共布置探测钻孔 6 个,其中 1# 和 2# 钻孔含水砂岩内部裂隙分布规律见图 5-1。

由图 5-1 可知,含水砂岩底部岩层纵横裂隙较为发育,出水点位置较为集中,而出水点以上岩层较为完整。1# 钻孔 0～3 m 和 2# 钻孔 0～2.5 m 范围内,钻孔由于被砂岩裂隙水充满,获得的图像较为模糊,而在 1# 钻孔 3.2 m 处和 2# 钻孔 2.6 m 处存在垂直于钻孔的较大横向裂隙,可以断定该处为出水点位置,且在 1# 钻孔 3.2～4.7 m 和 2# 钻孔 2.6～2.8 m 钻孔之间为裂隙带连续发育,可以判定该区段为顶板涌水的主要区域。1# 钻孔 4.7～8.0 m 和 2# 钻孔 2.8～8.0 m 之间岩层较为完整。这为合理布置疏水孔、采用有效的围岩控制技术措施提供了设计依据。

5.1.2　顶板水流动特点及其可控性分析

本节利用 COMSOL3.5a 研究了顶板水流动特点及其顶板无支护、有支护状态下孔隙水压力变化规律,数值计算模型、岩层物理力学参数及模拟方案分别见第 4.3.1 部分图 4-12、表 4-2 和表 4-3。

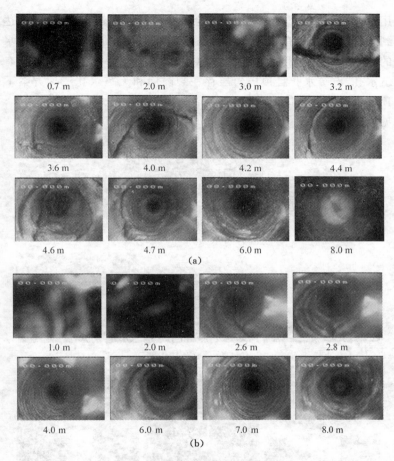

图 5-1　含水砂岩裂隙分布规律

(a) 1# 钻孔；(b) 2# 钻孔

5.1.2.1　顶板无支护时水流动及孔隙水压力变化规律

(1) 顶板水流动规律

水作用下巷道顶板强度弱化，要消除或减弱顶板水的弱化作用,可以通过减少水岩作用的机会或者避免水侵蚀岩石实现,而达到这种目的行之有效的方法就是将顶板水有效疏放,控制顶板水的流动规律。为此,利用 COMSOL3.5a 模拟分析了巷道顶板有疏水孔、有疏水孔且顶板岩层存在裂隙面和无疏水孔三种方案下顶板水的流动规律,为提出有效治理顶板水的技术措施奠定基础,见图 5-2。

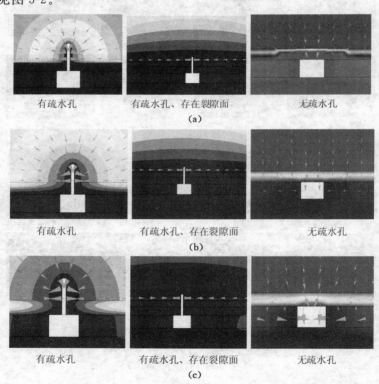

图 5-2　顶板水流动规律

(a) 巷道开挖 1 d;(b) 巷道开挖 30 d;(c) 巷道开挖 90 d

由图 5-2 可知,在一定的孔隙水压力作用下,巷道顶板布置疏水孔与没有布置疏水孔时水流动规律和特点发生了较大变化:① 布置巷道顶板疏水孔后顶板水沿着疏水孔流动,且流动速度和流量均呈几何级增长。② 当巷道顶板疏水孔穿过含水层主裂隙面后,顶板水沿着主裂隙面流动,通过疏水孔流出,其流动速度和流量较无疏水孔和有疏水孔而没有穿透主裂隙面时增加明显。因此,通过合理布置疏水孔技术参数,将有利于顶板水的疏排放。

（2）孔隙水压力变化规律

图 5-3 和图 5-4 分别为富水巷道顶板软弱岩层与含水砂岩交界处孔隙水压力随巷道开挖时间变化曲线图及云图,由于模型左右对称,取模型左半部分研究可以反映整个模型的情况。其中,不同模拟方案孔隙水压力云图中同一灰度代表的数值大小不一样。

由图 5-3 和图 5-4 可知:① 当顶板布置疏水孔时,孔隙水压力随着巷道开挖变化较快,且呈现从巷道中央向边界减少趋势逐渐增大,说明顶板水流动具有连续性的特点,即从边界向开挖自由面和疏水钻孔流动。② 当顶板有疏水孔且存在主裂隙面时,30～50 m 之间顶板孔隙水压力巷道开挖初期即减少为 0 MPa,这与选取孔隙压力值的位置有关。从孔隙水压力变化云图可以明显看出,在主裂隙面以上岩层孔隙水压力随着开挖时间延长而逐渐递减,顶板水沿着裂隙面和疏水孔流动的基本规律没有改变。③ 顶板无疏水孔时孔隙水压力随着巷道的开挖而变化较小,巷道顶板受水的影响时间较长。

5.1.2.2　支护作用下顶板水流动特点分析

巷道开挖后,一般需要进行人为加固以确保其安全。在巷道顶板表面施加均布压力（见图 4-12）,方向与垂直地应力相反,巷道顶板有疏水孔。孔隙水压力变化云图和曲线分别见图 5-5 和图 5-6,巷道开挖 90 d 后顶板中央位置孔隙水压力变化情况见图 5-7。

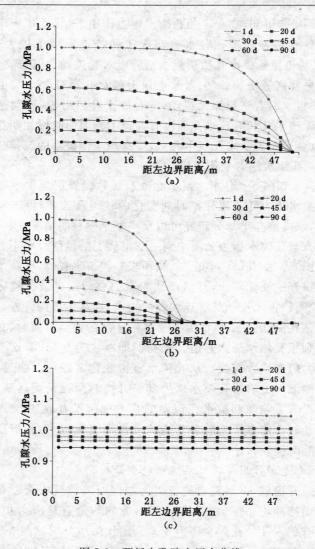

图 5-3　顶板水孔隙水压力曲线

(a) 有疏水孔；(b) 有疏水孔且存在裂隙面；(c) 无疏水孔

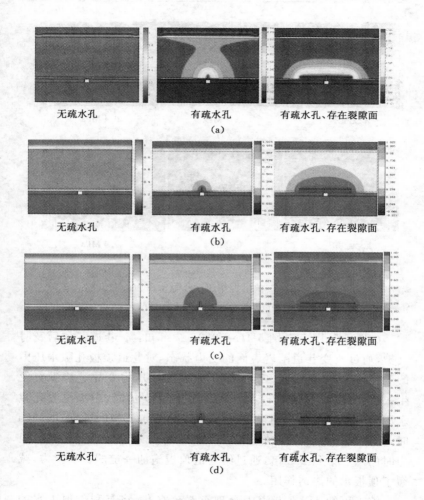

图 5-4　顶板孔隙水压力变化云图
(a) 巷道开挖 1 d;(b) 巷道开挖 30 d;
(c) 巷道开挖 60 d;(d) 巷道开挖 90 d

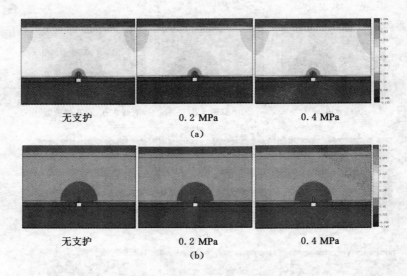

图 5-5　不同支护阻力作用下孔隙水压力分布云图

(a) 巷道开挖 20 d；(b) 巷道开挖 60 d

　　由图 5-5、图 5-6、图 5-4(a)和图 5-7 可知：① 巷道开挖后及时支护，通过改变巷道围岩表面的受力状态，对巷道顶板孔隙水压力的变化规律产生了的一定影响，但是孔隙水压力变化趋势没有发生根本变化。② 巷道开挖 90 d 后，顶板无支护时，中央位置孔隙水压力为 0.09 MPa，而当顶板支护阻力为 0.2 MPa 和 0.4 MPa 时，孔隙水压力分别增大至 0.15 MPa 和 0.29 MPa，为无支护阻力时的 1.7 倍和 2.2 倍，通过给巷道顶板施加一定的支护阻力，减缓了顶板水的渗透作用。

　　综上可知：① 在巷道中合理布置疏水孔，将有利于顶板水的排泄，能够减少水对顶板的侵蚀弱化作用，特别是当钻孔长度能够穿透顶板含水层主裂隙面时，更加有利于顶板水的疏放。② 在疏放顶板水的过程中，水岩作用是不可避免的，而及时对顶板施加支

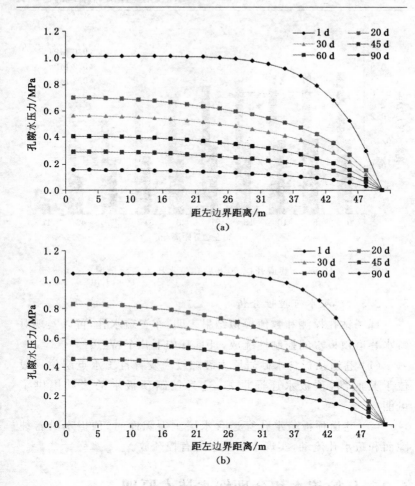

图 5-6　不同支护阻力作用下孔隙水压力曲线

(a) 支护阻力 0.2 MPa；(b) 支护阻力 0.4 MPa

护阻力，改变巷道表面围岩的受力状态，可以在一定程度上减缓水的渗透作用，削弱水对岩石的侵蚀弱化作用。

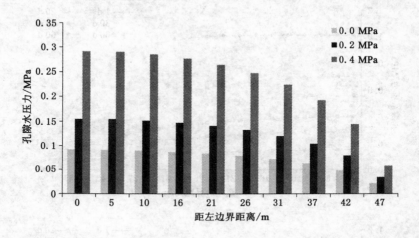

图 5-7　巷道开挖 90 d 后孔隙水压力变化情况

5.1.2.3　顶板水可控性分析

现场钻孔探测和数值模拟结果表明,布置疏水孔,可以实现对富水巷道顶板水的控制性疏放,且具有如下几个特点:

(1)巷道顶板含水砂岩原生裂隙较为发育且出水点层位一般位于其底部,顶板水连通性好,这为控制顶板水的流动提供了可能。

(2)巷道顶板疏水孔穿透含水层主裂隙面时,顶板水沿着裂隙面和疏水孔流动,实现了顶板水的有控疏放。

5.2　有控疏水和合理保水技术原理

根据第 5.1 节研究成果可知,富水巷道顶板水具有可控性的特点,据此提出了有控疏水的技术,减少水对顶板的弱化作用,并结合锚杆支护等提出了合理保水的技术原理,增强富水巷道顶板强度和削弱水对顶板的侵蚀弱化作用。

5.2.1　有控疏水技术原理

　　有控疏水技术是指沿巷道走向合理布置疏水孔,人为疏通含水层之间的水力联系,控制水的流动过程,以减少水对岩石的侵蚀弱化作用。有控疏水技术原理主要包括以下 3 个方面内容:

　　(1)含水层围岩裂隙发展发育规律及出水点位置确定。利用钻孔探测手段,沿巷道走向布置钻孔,观测顶板含水层内部裂隙分布特点,并总结裂隙发展发育规律,探明出水点层位,为设计合理的疏水孔技术参数提供依据。

　　(2)疏水孔技术参数确定。为了实现对富水顶板含水层水流的有效控制,减少水对岩石的弱化作用,合理的疏水孔技术参数确定显得十分重要。主要包括疏水孔孔径、长度、间排距等,其中疏水孔孔径不小于 50.0 mm、长度要求大于含水层主裂隙面深度 2.0 m 及以上,间距 L_0 根据顶板钻孔泄水量适当安排,以 20.0~50.0 m 之间为宜,钻孔倾角 β_0 以 60°~75° 为宜。同时,钻孔孔口端要求下套管,材质以高强度无缝钢管或硬 PVC 管为宜,且疏水孔停止工作后,孔口的封孔长度在法向上应大于锚杆长度,封孔材料可根据现场情况因地制宜选取。沿走向合理布置疏水孔,疏水孔参数如图 5-8 所示,疏水孔长度由式(5-1)确定:

$$L = L_1 + L_2 + L_3 \tag{5-1}$$

式中:L 为疏水孔长度,m;L_1 为直接顶厚度,m;L_2 为含水层主裂隙面与直接顶间距,m;L_3 为疏水孔穿透含水岩层主裂隙面长度,一般取 1.5~2.0 m。

　　(3)疏水时间的确定。一是疏水孔布置时间,应根据采掘或回采工作面开挖扰动引起的二次应力调整情况为准,一般要求滞后掘进工作面 15.0~30.0 m;二是泄水时间要合理,并不是泄水

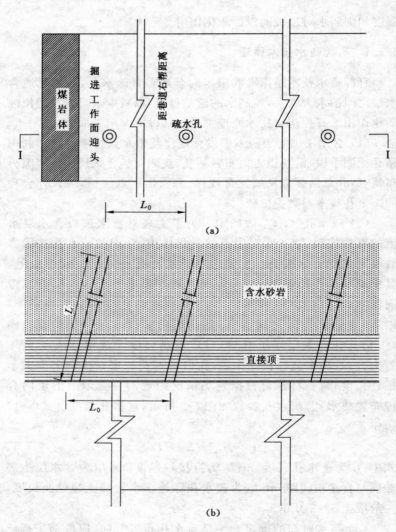

图 5-8　疏水孔参数布置图

(a) 疏水孔平面图；(b) 疏水孔Ⅰ—Ⅰ剖面图

时间越长越好,因为泄水过程中水的动力冲刷等物理力学作用对岩体造成的损伤不容忽视,具体泄水时间根据现场实测的顶板水流量及孔隙水压力变化情况确定。

5.2.2 合理保水技术原理

合理保水技术是指通过选择合理的巷道支护方式,并配合其他巷道围岩控制技术措施,尽可能保持锚固范围内岩体原有的含水特性,减少水岩作用造成的损伤,提高巷道围岩的稳定性。根据上述原理提出富水巷道顶板保水技术,其技术本质是减少巷道开挖扰动造成围岩裂隙扩展、张开以及支护对顶板的破坏。主要包括树脂锚杆全长或加长锚固技术、封闭巷道表面围岩技术和注浆加固技术。

(1)树脂锚杆全长或加长锚固技术:锚杆、锚索钻孔加强了富水巷道顶板与含水层之间的联系,很有可能成为顶板水的有效水力通道,为水对岩石弱化提供了可能。此时,宜采用全长或加长锚固方式,利用树脂药卷封堵钻孔内裂隙和增强锚杆支护系统的强度和刚度,从而在一定程度上减少富水顶板含水层水的渗透作用。

(2)封闭巷道表面围岩技术:富水巷道顶板直接顶为软弱岩层,吸水后易于膨胀、崩解,失水后易于风化,造成强度降低。① 通过在巷道围岩表面喷射混凝土适时封闭围岩,以充填巷道围岩表面节理裂隙,从而改善岩体力学性质;同时,混凝土初期的和易性可保证它起到一定的柔性支护作用,在围岩中形成一定范围的非弹性变形区,使围岩的自支承能力得以充分发挥。② 亦可防止巷道围岩在空气中潮解、风化和阻止巷道围岩内部水的流失;另外,浆液封闭围岩表面后,顶板滴水和淋水现象减弱,可以在一定程度上改善施工现场作业环境。

(3)注浆加固技术:富水巷道顶板局部地段围岩破碎且淋水

较大时,需采用注浆加固技术,以提高围岩强度和封堵含水层水的渗透。① 富水巷道顶板注浆加固的根本目的在于封堵锚固区域的裂隙及弱面,弱化含水层的水力联系,充分发挥围岩锚固体的承载能力。同时,需要确定富水巷道顶板注浆技术参数和注浆加固材料,其中注浆技术参数主要包括注浆加固时机、注浆孔间排距及深度和注浆压力等,这些参数的选择均需要根据富水巷道顶板破坏状况、内部裂隙发育规律、顶板水流动规律等确定。② 注浆材料大体可分为有机和无机浆材两种,目前煤矿采用的注浆材料包括普通单液水泥类材料、水泥—水玻璃材料、高水速凝材料及其化学类材料。③ 由于富水巷道顶板岩层含吸水后易于膨胀的蒙脱石以及伊蒙混层,因此,要求注浆材料不仅凝结速度快且凝结后不析水。而普通单液水泥易沉淀析水,结实率低且与泥岩不粘结,析水过多将使得富水巷道顶板泥化而使其强度降低甚至发生膨胀、崩解等。水泥—水玻璃材料结石体强度较低且易于发生松散,受顶板水影响而注浆效果更加难以控制。④ ZKD 高水速凝材料具有速凝可调,水灰比高,流动渗透性好,在高水灰比条件下 100% 结石且不析水,固结体塑性好,能与泥岩粘结,能适应围岩变形,充填程度高,成本较低,固结体强度显著高于水泥固结体等显著优点。⑤ 矿用化学注浆材料以马丽散居多,具有流动性好、凝固后强度大等特点,但其成本相对较高。因此,根据富水巷道顶板岩层特点,优先选用ZKD 高水速凝材料和马丽散化学注浆材料。

5.3　富水巷道断面优化及支护参数数值模拟

　　本节应用 FLAC 数值模拟软件模拟分析富水巷道断面优化及支护参数。根据现场实际应用情况,将富水巷道断面分为曲线形半圆拱断面和折线形斜矩形断面;主要模拟的锚杆支护技术参数包括锚杆、锚索预紧力和锚杆间排距等,而锚杆材质、长度等技术参数根据工程经验确定。

5.3.1 计算模型的建立

(1) FLAC 简介

连续介质快速拉格朗日分析程序 FLAC(Fast Lagrangian Analysis of Continua)是由 Itasca 公司研发推出的连续介质力学分析软件,具有强大的计算功能和广泛的模拟能力,目前已广泛应用于煤矿巷道支护设计、煤矿开采等采矿工程领域的科学研究和工程实践之中。FLAC 基于显式差分法来求解运动方程和动力学方程,运用显式拉格朗日算法和混合离散划分技术,保证非常精确地模拟塑性破坏和流变。FLAC 内置有多个力学模型,如摩尔—库仑模型、应变硬化/软化模型等,同时,有静力、动力、蠕变、渗流和温度 5 种计算模式,且各种模式间可以相互耦合,从而可以模拟复杂的工程力学行为。FLAC 可以用结构单元模拟锚杆、锚索、钢带等结构与围岩的相互作用。FLAC 含有模拟地下水流动、孔隙压力消散、可变形多孔介质与孔隙内黏性流体完全耦合的模型,可以假设流体服从各向或各向异性的达西定律,并且认为是可变形的。FLAC 具有强大的前后处理功能,数据的输入和输出灵活程度高,操作方便简洁。本书利用 FLAC 模拟分析富水巷道断面优化、支护技术参数等[147]。

(2) 数值计算模型的建立

本构关系采用摩尔—库仑模型,并结合 FLAC 内嵌渗流模块,将岩体视为等效连续介质,流体在介质中的流动依据达西定律并满足 Biot 方程[148,149]。数值计算几何模型见图 4-12,其中巷道断面分别为半圆拱和斜矩形,尺寸为宽 4.0 m,中高 3.0 m。煤岩层力学性质参数见表 5-1。

表 5-1　　　　　　　　　　　　　煤岩层力学性质参数

岩石名称	弹性模量 /GPa	泊松比	内聚力 /MPa	摩擦角 /(°)	密度 /kg·m⁻³	抗拉强度 /MPa
顶板岩层	15.2	0.28	5.20	34	2 500	3.76
含水砂岩	4.5	0.25	5.10	32	2 680	2.50
软弱岩层	3.0	0.28	2.81	29	2 510	1.57
煤层	2.8	0.33	1.67	27	1 400	1.63
底板岩层	9.6	0.28	4.35	35	2 610	3.26

5.3.2　富水巷道断面优化

　　巷道是矿井生产的重要通道,巷道断面的选择至关重要,对巷道掘进和维护起着重要作用。巷道围岩的稳定性取决于多种因素,其中断面形状对围岩的稳定性有重要影响,巷道围岩中的应力大小、分布和巷道断面的形状有关[133]。本节利用数值模拟软件 FLAC2D4.0 研究了在水作用下半圆拱和斜矩形巷道断面围岩第一主应力、围岩位移等分布规律,见图 5-9～图 5-11。

　　(1) 巷道第一主应力分布演化规律

　　由图 5-9 可知,水作用下斜矩形巷道较拱形巷道对顶板的扰动范围大一些,而对底板的扰动相对较小,半圆拱巷道顶板更加有利于控制和维护。

　　(2) 巷道围岩位移变化规律

　　由图 5-10 和图 5-11 可知,半圆拱巷道顶板及两帮下沉量均较斜矩形巷道要小,其中半圆拱巷道顶板及两帮最大位移分别为 178.5 mm 和 78.2 mm,而斜矩形巷道顶板及两帮最大位移分别为 199.4 mm 和 126.0 mm,但是,半圆拱巷道最大底鼓量为 32.3 mm,而斜矩形巷道最大底鼓量为 24.3 mm。现场工程实践表明,该类巷道的底鼓对巷道服务期间的安全和正常使用没有明显影

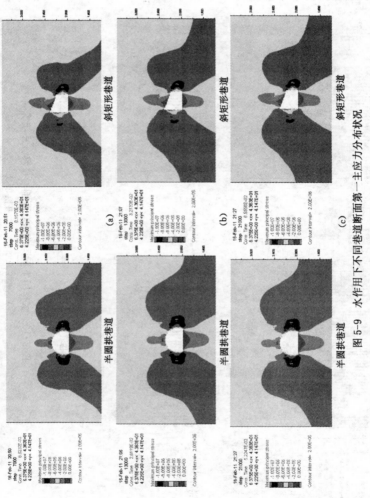

图 5-9　水作用下不同巷道断面第一主应力分布状况

(a) 开挖 7 000 步；(b) 开挖 13 000 步；(c) 开挖 21 000 步

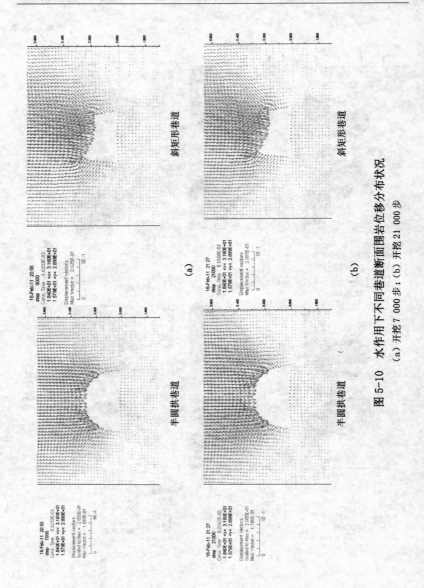

图 5-10　水作用下不同巷道断面围岩位移分布状况

(a) 开挖 7 000 步；(b) 开挖 21 000 步

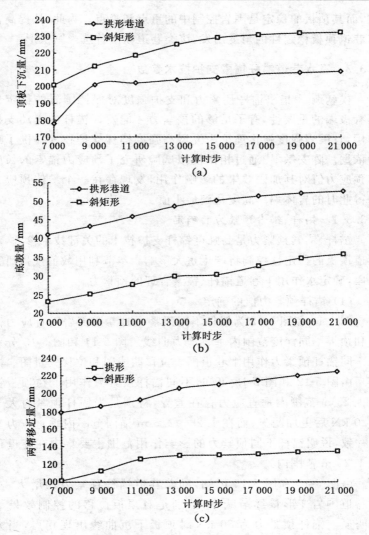

图 5-11　水作用下不同巷道断面围岩变形

(a) 顶板下沉量；(b) 底鼓量；(c) 两帮移近量

响,而其顶板的稳定是围岩控制中的重点和难点。为此,从提高富水巷道顶板稳定性的角度出发,该类巷道断面首选半圆拱形。

5.3.3　富水巷道锚杆锚索支护技术参数

侯朝炯[76]指出锚杆预紧力和支护强度对保持围岩的稳定性具有极端的重要性,有了足够的预紧力才能发挥锚杆的主动支护作用,且围岩强度强化理论为发展高强度锚杆支护技术提供了理论依据。陈安敏[149]通过相似模拟试验研究了预应力锚索的长度与预应力值对其加固效果的影响作用,发现存在一个最佳预应力使得此时的岩体塌落高度达到最小值。

5.3.3.1　锚杆、锚索预紧力的确定

锚杆、锚索预紧力是高强度锚杆支护技术的关键技术参数,对巷道顶板的稳定性控制将产生重大影响。本节利用数值模拟研究手段,确定水作用下巷道锚杆、锚索合理的预紧力。

（1）锚杆预紧力值的确定

图 5-12 和图 5-13 为锚杆不同预紧力时巷道围岩垂直应力云图和顶板不同深度范围内垂直应力曲线。图 5-14 和图 5-15 分别为不同锚杆预紧力作用下巷道围岩位移曲线图和位移矢量图。

由图 5-12 和图 5-13 可知,不同锚杆预紧力作用下在顶板锚固 1.25 m 范围内垂直应力存在差异,特别是当锚杆预紧力大于 60.0 kN 后更加明显;而在 1.25~2.5 m 锚固范围内垂直应力基本一致,说明锚杆不同预紧力的影响作用范围主要集中在巷道顶板 1.25 m 范围内。

由图 5-14 和图 5-15 可知,随着巷道锚杆预紧力的增大,富水巷道围岩变形量逐渐减少,特别是对顶板位移的控制效果更加明显。锚杆预紧力为 60 kN 时顶板下沉曲线出现拐点,当大于该值时,巷道围岩位移得到较好控制,而小于该值时,围岩位移量较大。

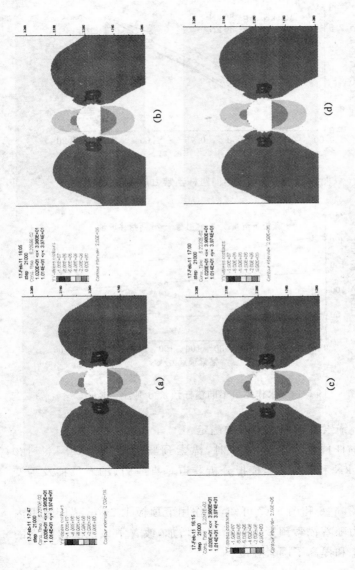

图 5-12 水作用下不同锚杆预紧力垂直应力云图

(a) 30 kN; (b) 60 kN; (c) 80 kN; (d) 100 kN

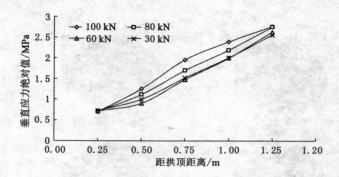

图 5-13　水作用下不同锚杆预紧力顶板垂直应力

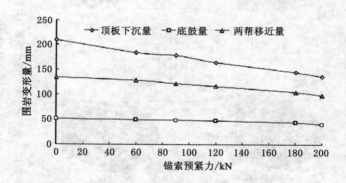

图 5-14　水作用下不同锚杆预紧力围岩变形量

（2）锚索合理预紧力值的确定

取锚杆预紧力为 60 kN 时,锚索预紧力分别为 90 kN、120 kN、180 kN 和 200 kN,模拟分析巷道垂直应力、围岩位移及等变化规律。

由图 5-16 和图 5-17 可知,水作用下顶板 1.25 m 锚固范围内垂直应力随着锚索预紧力的增加而增加,改善了该范围内围岩的受力状态和提高了围岩强度。

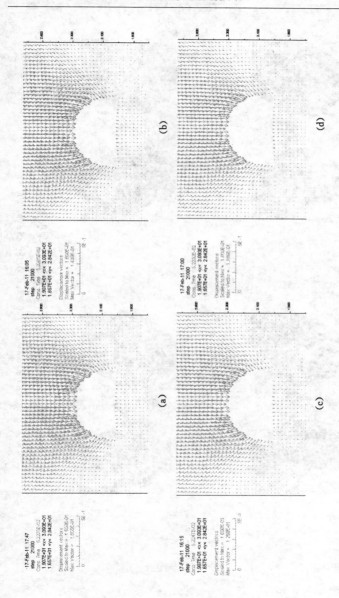

图 5-15 水作用下不同锚杆预紧力位移矢量图
(a) 30 kN; (b) 60 kN; (c) 80 kN; (d) 100 kN

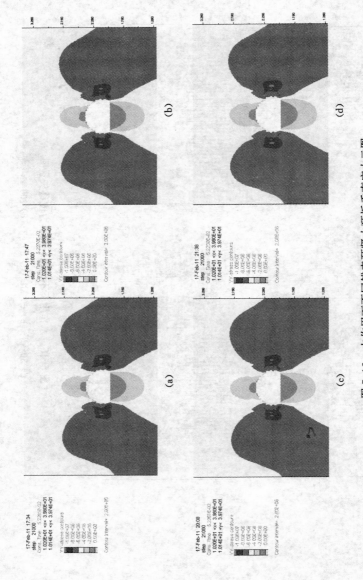

图 5-16　水作用下不同锚索预紧力顶板垂直应力云图

(a) 90 kN; (b) 120 kN; (c) 180 kN; (d) 200 kN

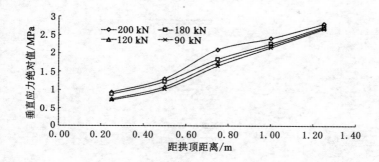

图 5-17　水作用下不同锚索预紧力顶板垂直应力

　　在锚杆预紧力一定的条件下,巷道顶板承载能力与锚索预紧力成正比,围岩变形量与锚索预紧力成反比。由图 5-18、图 5-19可知,锚索预紧力对巷道顶板下沉量影响最大,预紧力 200 kN 时顶板下沉量较预紧力 60 kN 时减少了 26.4%;当锚索预紧力小于180 kN 时,顶板下沉量变化较大。

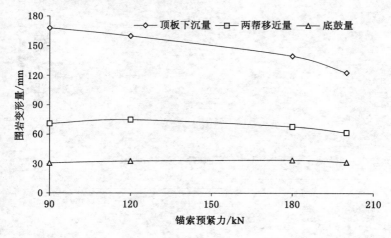

图 5-18　水作用下不同锚索预紧力围岩变形量

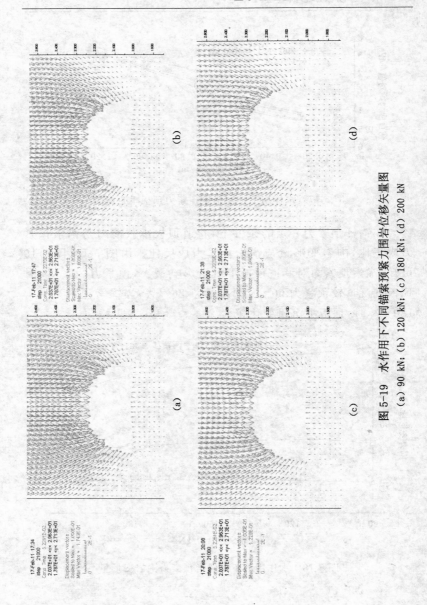

图 5-19　水作用下不同锚索预紧力围岩位移矢量图

(a) 90 kN; (b) 120 kN; (c) 180 kN; (d) 200 kN

5.3.3.2 富水巷道顶板锚杆间排距的确定

采用 FLAC3D3.0 模拟分析富水巷道顶板合理间排距,模拟方案见表 5-2。

表 5-2　　　　　　　　FLAC3D 数值模拟方案

项目	间排距/mm×mm	顶板水状态	项目	间排距/mm×mm	顶板水状态
方案 1	700×700	有	方案 2	700×700	无
方案 3	800×800	有	方案 4	800×800	无
方案 5	900×900	有	方案 6	900×900	无

巷道支护强度与锚杆强度、间排距等参数密切相关,取顶板锚杆、锚索预紧力分别为 60 kN 和 180 kN,帮部锚杆预紧力为 30 kN。顶板采用 20MnSi 螺纹锚杆,直径 22 mm,长 2.5 m,全长锚固,其杆体及杆尾螺纹分别经调质和强化处理,屈服载荷和拉断载荷分别为 232 kN 和 297 kN;两帮采用 Q235 圆钢锚杆,屈服载荷和拉断载荷分别为 92 kN 和 120 kN,直径 20 mm,长 2.0 m,加长锚固;锚索直径为 17.8 mm,长 5.5 m,加长锚固,拉断载荷353 kN。

不同间排距、水作用和无水作用下富水巷道围岩垂直应力云图见 5-20,在有水和无水作用下云图中的同一灰度代表的应力值不一样,其中无水时应力值大。

由图 5-20 可知:① 在同一支护强度下,水作用和无水作用富水巷道围岩应力分布规律大致相同,顶底板均存在一定区域的应力降低区,而两帮一定范围则为应力集中区域。不同点在于水作用下巷道应力降低区分布的范围稍大一些,特别是应力降低区在整个巷道断面形成一个连通的类似椭圆形的区域。② 随着支护强度的增加,水作用和无水作用下巷道顶底应力降低区均有所减

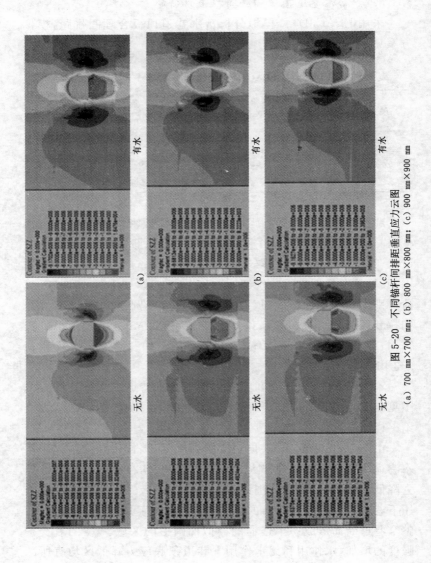

图 5-20 不同锚杆间排距垂直应力云图

(a) 700 mm×700 mm; (b) 800 mm×800 mm; (c) 900 mm×900 mm

少，说明提高锚杆支护强度能够在一定程度上改善巷道围岩应力环境，提高围岩自承能力。

水作用和无水作用下富水巷道围岩变形曲线见图 5-21～图 5-23。

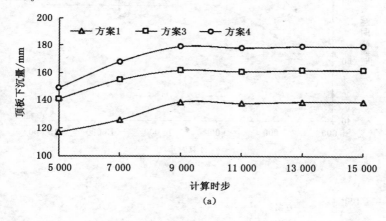

(a)

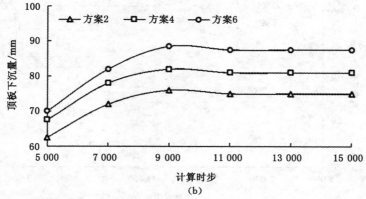

(b)

图 5-21　水作用下巷道顶板下沉量

（a）有水；（b）无水

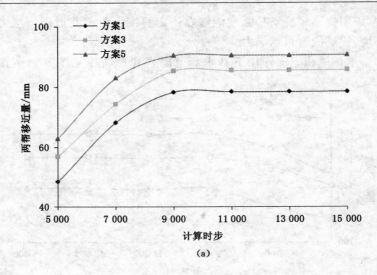

(a)

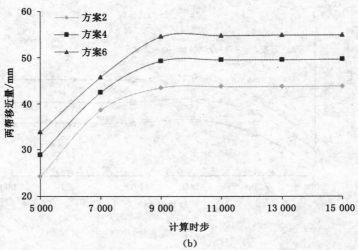

(b)

图 5-22　水作用下巷道两帮移近量

（a）有水；（b）无水

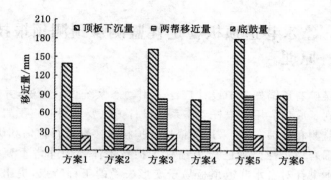

图 5-23 水作用下巷道围岩最大移近量

由图 5-21～图 5-23 可知：① 有水和无水作用巷道围岩变形均以顶板下沉量为主，其次是两帮变形和底鼓。② 不管巷道顶板是否有水作用，随着支护强度的增加，巷道顶板及两帮变形量均呈减少趋势，锚杆支护后提高了围岩自承能力。③ 同一支护强度下，有水作用巷道顶板下沉量较无水作用巷道顶板下沉量要大。锚杆间排距分别为 700 mm×700 mm、800 mm×800 mm 和 900 mm×900 mm 时，水作用下较无水作用顶板下沉量分别增加了 82.3%、98.7% 和 103.2%。④ 有水作用巷道顶板下沉量变化较无水作用顶板下沉量变化对于支护强度的调整更加敏感。当锚杆间排距从 900 mm×900 mm 降低为 700 mm×700 mm 时，有水作用巷道顶板下沉量增大了 25.9%，而无水作用巷道顶板下沉量增大了 13%。

综合分析认为，水作用下巷道围岩变形量较无水时明显增大，水对巷道围岩特别是顶板岩石弱化作用明显，水作用下巷道围岩需要更高的支护强度以提高其承载能力，增强围岩的稳定性。

5.4　富水巷道顶板稳定性监测及预测预报技术原理

　　煤矿巷道锚杆支护设计广泛采用动态系统设计方法,并在现场得到了成功应用。锚杆动态系统设计方法要求对巷道围岩变形进行监测和反馈,并对采用的锚杆支护技术参数进行评估和优化,巷道围岩稳定性监测已成为锚杆支护技术体系中非常重要的一环。本书针对富水巷道顶板易于变形失稳的工程特点,提出了富水巷道顶板稳定性分区域监测技术和富水巷道顶板稳定性预测预报技术原理。

5.4.1　富水巷道顶板稳定性分区域监测技术

　　富水巷道顶板稳定性分区域监测是指根据富水巷道的顶板分类划分监测区域的动态监测技术。根据第 2.3.2 部分研究成果可知,富水巷道顶板分为Ⅰ类富水巷道和Ⅱ类富水巷道,两类巷道顶板变形规律存在差异是分区域监测的基础。监测测站布置见图5-24,每 3 个监测测站为组成 1 个监测组。

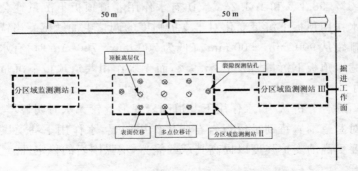

图 5-24　富水巷道顶板稳定性分区域监测技术路线

　　Ⅰ类富水巷道和Ⅱ类富水巷道顶板稳定性监测测站布置一致,通过对两类富水巷道顶板稳定性的监测,对比分析两类富水巷道矿压显现规律的异同,为巷道支护设计的修改、完善提供依据。

　　富水巷道顶板稳定性分区域监测的主要内容如下:

　　(1)巷道表面收敛情况。巷道表面位移是反映巷道维护状况的综合性指标,一般包括两帮变形量、顶板下沉量及底鼓量。利用对巷道表面位移测量结果,可以分析巷道周边相对位移变化速度、变化量与巷道掘进时间、工作面位置的关系,并能获得巷道周边的最终位移量,从而为判断锚杆的支护效果、围岩的稳定状况和完善锚杆支护参数提供依据。巷道表面位移测量方法及仪器,可以根据现场工程技术条件确定。

　　(2)巷道顶板离层观测。顶板离层仪是用来监测顶板锚固范围内及锚固范围外离层值变化大小的一种监测装置,是目前煤矿巷道稳定性监测应用最为广泛的仪器之一。通过顶板离层仪连续监测顶板离层状况,能够及早发现顶板失稳的征兆,避免冒顶事故的发生,同时监测数据也可以作为修改、完善锚杆支护初始设计参数的依据之一。

　　(3)巷道深部位移观测。多点位移计是用来监测巷道在掘进和受采动影响的整个服务期间内深部围岩变形随时间的变化发展规律的一种仪器。通过连续监测巷道深部位移,可以掌握巷道围岩不同深度范围内的相对位移情况,用来判断锚杆与围岩之间是否发生脱离,以及巷道围岩拉压应变区域的分布规律。同时,亦可为修改锚杆支护设计提供依据。

　　(4)巷道内部裂隙发展发育规律。岩层钻孔探测仪能够通过自身携带的录像设备将巷道围岩内部状况记录下来,通过后期处理能够得到巷道围岩内部不同深度范围内围岩裂隙、缺陷的分布规律。通过观测巷道围岩内部裂隙发展发育规律,不仅可以掌握巷道稳定性的动态发展过程,而且可以定量分析巷道围岩内部裂隙扩展发育与时间的关系,为修改和完善锚杆支护设计提供基础数据。

(5)锚杆、锚索受力监测。液压枕由一个带中心孔的托盘式密闭充油压力盒和与之相连的压力表组成,通过量测液压枕油压确定锚杆、锚索尾部承受的载荷;测力锚杆是用来测量加长与全长锚固锚杆杆体不同部位的受力大小与分布状况的专用锚杆,通过粘贴在测力锚杆上的电阻应变片电阻变化即可测量出杆体的应变值,通过换算便可求出杆体的应力值。通过测量锚杆受力可以确定支护强度,分析围岩锚杆支护后的强化程度,为锚杆支护设计提供依据。同时,根据锚杆受力变化情况,可以判断锚杆是否屈服,对顶板稳定性做出预测,特别是当锚杆受力突然增大或大范围屈服时,需要及时采取措施以避免顶板冒顶事故的发生。

5.4.2 富水巷道顶板稳定性预测预报技术思路

巷道围岩失稳破坏造成的冒顶事故灾害的有效监测、预报及控制技术一直是研究的热点与难点,传统的顶板监测技术方法主要是位移与压力监测(第 5.4.1 部分),这些方法的优点是实施方便、简单易懂,但需配备较多的人力,且数据的真实性难以评判和掌握,更加难以实现连续监测,且信息量少,在一定程度上制约了顶板监测技术的发展。在实现对巷道围岩稳定性的连续、实时和准确性监测方面,国内外学者进行了一些有益探索,其中在实验室研究岩石的变形破坏机理[150,151]以及工程中的预测预报中得到了应用,并取得了一定进展。

第 3 章中含水砂岩不同含水状态下声发射技术特点表明,声发射脉冲数和能量与其含水率密切相关,巷道顶板变形失稳甚至发生冒顶事故,本质上是岩体缺陷损伤演化到发生宏观破裂破坏的过程,其发生机制应与室内岩石受载产生破坏的机制有某些类同之处,据此,提出建立顶板稳定性预测预报系统,见图 5-25。

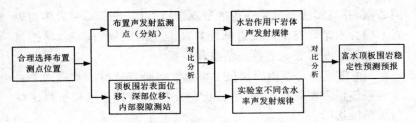

图 5-25 富水巷道顶板稳定性预测预报技术路线

富水巷道顶板稳定性预测预报技术主要包括以下几个方面：

(1) 声发射测点位置的选择。具体做法如下：① 根据对富水巷道顶板在水作用下的变形破坏特点，确定需要进行监测巷道的位置，并记录分析该处顶板岩石性质、顶板水渗流情况、支护技术参数等；② 确定测点布置密度；③ 在选定的位置上打钻孔，布置声发射监测装置。

(2) 常规对比监测测站布置。在声发射测点位置布置顶板表面位移、深部位移以及内部裂隙测站，与获得的声发射监测数据对比，进而分析顶板位移与声发射脉冲数、能量之间的关系，为与实验室试验获得的数据进行对比分析提供基础数据，见图 5-26。

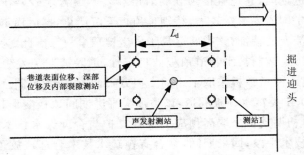

图 5-26 富水巷道顶板稳定性预测预报测站

(3) 数据处理分析。通过计算机及时处理监测到的声发射监测数据,并与实验室试验获得的数据进行对比分析,总结岩体与岩石不同含水率状态下声发射脉冲数及能量的区别与联系,掌握富水巷道顶板变形失稳的前兆信息和特征。

(4)顶板稳定性预测预报。根据前期研究获得的水作用下富水巷道顶板声发射技术特征,分析研究提出该类巷道顶板稳定性预测预报指标。

5.5　富水巷道分顶、分阶段控制技术体系

5.5.1　富水巷道分顶控制技术

根据第 2.3 节研究成果可知,Ⅰ类和Ⅱ类富水巷道直接顶软弱岩层与基本顶含水砂岩之间距离的差异导致二者工程特征的不同。现场调研表明,Ⅰ类富水巷道在掘进期间一般围岩变形量较小,顶板易于维护,而当受到采动影响时,巷道围岩上部含水砂岩易于被沟通,水岩相互作用下巷道顶板呈现大变形的特点,工作面回采期间需要采取组合控制技术维护巷道顶板稳定;Ⅱ类富水巷道在掘进期间,巷道直接顶软弱岩层和基本顶含水砂岩在吸水失水过程中围岩变形量较大,特别是顶板下沉严重,掘后稳定期呈现不稳定流变的特征,该类巷道易于发生冒顶事故。因此,为了更加科学合理地控制富水巷道顶板的稳定性,消除或避免发生冒顶事故,对富水巷道顶板采取不用的支护方式,实行分顶控制。

(1)Ⅰ类富水顶板巷道:该类顶板掘进期间顶板变形较小,易于控制,初期支护采取高预应力锚杆支护与合理保水技术相结合的控制技术手段;回采期间,结合有控疏水技术合理疏放顶板水,减少水对顶板的弱化作用。

(2)Ⅱ类富水巷道顶板:该类顶板在掘进初期围岩变形破坏速度较快,易于发生冒顶事故,顶板稳定性较差。根据巷道顶板掘

出后完整性、渗水情况,特别是锚杆、锚索渗水规律,在采取高强度锚杆支护和合理保水技术基础之上,合理应用有控疏水技术。

5.5.1 富水巷道分阶段控制技术

根据第本书第 4.1 节研究成果可知,富水巷道顶板变形破坏规律具有明显的阶段性特点,据此提出根据顶板变化发展特征进行分阶段控制,减少水对岩石的弱化作用,提高围岩的承载能力。富水巷道顶板分阶段控制技术路线见图 5-27。

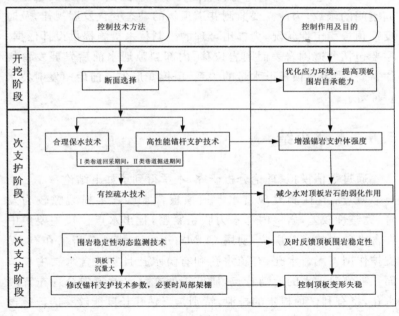

图 5-27　富水巷道顶板分阶段控制技术路线

分阶段控制技术的具体内容主要包括以下几个方面:

(1)合理选择巷道断面形状。由于富水巷道顶板直接顶一般为较软弱的岩层,该岩层本身节理裂隙发育,强度较低,稳定性差,需要选择合理的巷道断面形状,以减少巷道开挖引起的二次应力的扰动,提高顶板的自承能力。根据第5.3.2部分研究成果可知,选择半圆拱巷道断面更加有利于富水巷道顶板的稳定。

（2）组合控制技术的合理应用。实施富水巷道顶板控制技术,需要综合运用高强度锚杆支护技术、合理保水技术以及有控疏水技术,其中高强度锚杆支护技术是主体,合理保水技术是关键,而有控疏水技术是保证巷道长久稳定的基础。

（3）巷道顶板稳定性动态监测技术。巷道围岩变形失稳是时间空间的函数,为此需要监测巷道顶板的动态变化发展规律,及时反馈顶板稳定性状况,为提出合理的控制技术措施提供设计依据。主要包括巷道围岩表面围岩位移、内部裂隙遇水前后发展发育规律、锚杆受力与顶板淋水量的关系、顶板变形失稳前后声发射技术特征等。

5.6　本章小结

通过数值模拟、理论分析研究,本章得到了如下结论:

（1）钻孔探测发现富水巷道顶板含水砂岩纵横裂隙较为发育、完整性较差,岩层内部水力联系紧密,且出水点位置主要集中在含水砂岩的底部层位;利用COMSOL3.5a模拟分析了在有、无支护作用下无疏水孔、有疏水孔和有疏水孔且穿透含水层主裂隙面三种情况下水的流动特点,研究表明在富水巷道中合理布置疏水孔,将有利于顶板水的排泄,特别是当钻孔长度能够穿透顶板含水层主裂隙面时,更加有利于顶板水的疏放;及时对顶板施加支护阻力,改变巷道表面围岩的受力状态,可以在一定程度上减缓水的渗透作用。

（2）根据富水巷道顶板水的流动以及锚杆支护巷道技术特点,提出减少水对岩石弱化作用,提高围岩自承能力的有控疏水和合理保水的技术原理。有控疏水技术是指沿巷道走向合理布置疏水孔,人为疏通含水层之间的水力联系,控制水的流动过程;合理保水技术是指通过选择合理的巷道支护方式,并配合其他巷道围岩控制技术措施,尽可能保持锚固范围内岩体原有的含水特性,以减少水对岩石的侵蚀弱化作用、提高巷道围岩的稳定性。

(3) 提出了优化巷道断面和采取高强度锚杆支护技术控制富水巷道顶板稳定的观点。通过 FLAC 模拟分析了半圆拱巷道、斜矩形巷道位移场及第一主应力分布规律,研究表明半圆拱断面优于斜矩形巷道断面;模拟分析了半圆拱巷道水作用下的锚杆支护技术参数,发现通过提高锚杆、锚索预紧力和适当减少锚杆间排距,对于控制富水巷道顶板稳定具有显著影响。

(4) 提出了富水巷道顶板稳定性监测及预测预报技术原理。富水巷道顶板稳定性分区域监测的内容主要包括巷道表面收敛情况、巷道顶板离层观测、巷道深部位移观测、巷道内部裂隙发展发育规律和锚杆锚索受力监测。富水巷道顶板稳定性预测预报技术包括声发射测点位置的选择、常规对比监测测站布置、数据处理分析和顶板预测预报。

(5) 提出了富水巷道顶板分顶、分阶段控制技术体系。分顶控制是指Ⅰ类富水巷道初期支护采取高强度锚杆支护与合理保水技术相结合的控制技术手段,回采期间结合有控疏水技术;Ⅱ类富水巷道顶板初期阶段即需要采用高强度锚杆支护、合理保水和有控疏水等相结合的组合控制技术。分阶段控制技术认为高强度锚杆支护技术是主体,合理保水技术是关键,而有控疏水技术是保证巷道长久稳定的基础。

6 富水巷道围岩稳定控制工程实践

在前几章关于富水巷道顶板强度弱化机理及控制技术的研究基础之上,本章结合神华宁煤鸳鸯湖矿区梅花井矿 114202 工作面富水巷道顶板易于发生冒顶事故的典型特点进行了工程应用研究[132]。

6.1 巷道地质条件

114202 工作面开采 4—2 煤,其回风平巷沿 4—2 煤顶底板掘进,长 4 700 m,埋深约 210 m,采用锚杆支护技术,巷道掘出后顶板出现淋水,巷道顶板泥化、剥落及下沉较严重。直接顶为平均厚度 3.19 m 粉砂质泥岩,基本顶为平均厚度 6.67 m 中粒砂岩,是影响巷道围岩稳定主要含水岩层,煤岩层柱状见图 6-1。

6.2 巷道顶板失稳因素分析

114202 工作面回风平巷 500 m 处掘出约两个月后顶板发生冒顶事故一次,巷道顶板冒落高度、长度分别约 3 m 和 6 m,冒顶前该处淋水已停止约半个月。冒顶处岩层与修复后状况见图 6-2。

综合分析认为 114202 工作面回风平巷顶板变形失稳的主要影响因素包括如下两个方面:

(1)巷道开挖后破坏了岩体中原岩应力的平衡状态,引起了巷道周围岩体的应力重新分布,使原来处于挤压状态的岩体向巷

岩层名称	柱状	层厚/m	岩性描述
粗砂岩		14.5	浅灰白色,含煤屑
3煤		1.12	黑色,暗煤,弱沥青光泽
粉砂岩		22.4	浅灰色,巨厚层状
4−1煤		1.45	黑色,块状,弱沥青光泽
中粒砂岩		6.67	浅灰色,含植物化石屑
粉砂质泥岩		3.19	浅灰褐色,含少量碳屑
4−2煤		2.91	黑色,暗煤,以丝碳为主
粉砂岩		4.02	浅灰色,含植物化石丰富
细砂岩		10.64	灰白色,以石英为主

图 6-1　岩层柱状图

道内部空间产生松胀变形,当这种变形超过了岩体本身的承载能力时便发生破坏,在巷道顶板形成纵向与横向裂隙,使得顶板孔隙率和渗透性增加;同时,当采用锚杆支护维护巷道时,锚杆、锚索钻孔增强了与含水砂岩之间的水力联系,这些裂隙或钻孔极易连通顶板水。同时,第 3.1 节研究成果表明,粉砂质泥岩及含水砂岩矿物成分中含强膨胀和吸水性的黏土矿物,水作用下顶板强度弱化明显。顶板水和顶板岩层含吸水和膨胀性较强的黏土矿物,则是其变形失稳的客观条件。

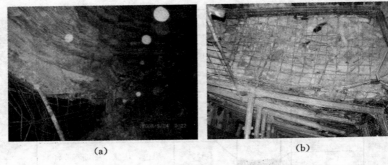

图 6-2　巷道顶板遇水后失稳

（a）顶板发生冒顶；（b）顶板冒顶后修复状况

（2）水作用下巷道顶板支护材料强度及完整性受到影响。114202 工作面回风平巷支护材料以金属杆体及其构件为主，在水作用下金属构件受到侵蚀而强度弱化。特别是采用树脂锚杆支护的巷道，水作用下树脂药卷的锚固效果降低，锚固力随着顶板淋水量的变化而出现较大波动。当顶板下沉量较大时，受到侵蚀作用的金属网等支护附件易于变形失稳而破坏了锚杆支护的整体性与完整性，从而降低了支护系统刚度和强度，弱化了对围岩的约束作用。锚杆支护形成的锚岩支护体承载结构强度及刚度的弱化是顶板变形失稳的关键因素。

6.3　巷道围岩控制技术

本节分析了富水巷道围岩稳定性控制的关键技术，并提出了优化巷道断面、合理布置疏水孔和采用高强度锚杆支护等技术措施以控制巷道稳定。

6.3.1　关键技术分析

为控制富水巷道顶板稳定，提出了如下几方面关键技术：

(1) 优化巷道断面形状,提高巷道围岩稳定性。根据 114202 工作面回风平巷顶板易于变形失稳的特点,并结合本书第 5.3.2 部分利用 FLAC 模拟研究成果,从提高巷道断面稳定性的角度出发,优先选用曲线形巷道断面,将有利于减少巷道断面中的拉应力和维护顶板的稳定。

(2) 结合有控疏水技术原理,减少水对顶板的侵蚀弱化作用,提高顶板的自承能力。树脂锚杆支护巷道的锚固力主要与锚固剂强度、锚固剂与围岩之间的黏结强度以及锚固剂与锚杆杆体之间的黏结强度有关,且由它们中强度最低的决定。已有的研究成果表明,水对树脂的固化是极其不利的,因为水会降低聚酯固化反应中自由基的活性,使固化反应不完全,水也可能在树脂固化过程中分散到树脂胶泥中,而影响树脂固化后的强度。同时,水流动过程中产生的潜蚀作用和水岩作用发生的物理化学反应,弱化了顶板强度。因此,为了减少水对巷道顶板强度的弱化作用,以及降低或者消除锚杆钻孔附近的涌水量,提出沿巷道走向合理布置疏水孔、集中排放顶板水的技术思路。

(3) 采用合理的锚杆、锚索预紧力。施加预紧力是锚杆、锚索实现主动支护的重要途径,通过及时施加高预紧力可以有效控制巷道岩体的松散变形及其顶板中部的拉伸破坏,从而大幅度减少巷道围岩变形与破坏。同时,锚索不仅具有锚固长度深、强度大且可施加较大预紧力等突出优点,而且锚索能够将锚杆支护形成的次生承载体与含水层上部稳定岩层连接在一起,形成更加稳定的锚杆—锚索承载结构,提高富水巷道顶板的稳定性。

(4) 提高富水巷道锚杆支护强度。提高锚杆支护强度是确保巷道长期稳定的关键,锚杆支护强度主要与锚杆的材质、直径及其间排距相关,其中锚杆材质及其直径是高强度锚杆支护技术的基础,而合理的锚杆间排距,则能够充分发挥锚杆的支护效果。114202 工作面回风平巷原支护方案中锚杆杆体材料为 20MnSi 普通建筑螺纹钢,其力学性能参数较低,不能满足高强锚杆支护要求,据此提出采用经全长调质处理的建筑螺纹钢作为锚杆杆体的技术思路,其承载能力约为普通建筑螺纹钢锚杆的 2 倍。

(5)重视锚杆支护组合构件的作用。高强度支护构件能够扩散锚杆、锚索预应力,扩大其作用范围。要求支护构件和网等几何及力学参数应与锚杆支护参数相匹配,提高锚杆支护系统整体的强度和刚度。

(6)加长或全长锚固提高锚固强度及实现合理保水。锚杆按其在钻孔内的锚固长度可分为全长锚固、加长锚固和端头锚固。全长或加长锚固与端头锚固相比,锚杆具有较高的锚固力和支护系统刚度,且能够大幅度降低巷道围岩的变形和位移,改善锚杆的受力状态和增加锚固范围内岩层及弱面的内摩擦角和黏聚力,支护安全可靠性高。同时,搅拌后的树脂药卷在凝固胶结前具有一定的流动性,通过锚杆的挤压作用,树脂胶泥渗入顶板围岩裂隙孔隙中,起到胶结钻孔壁裂缝和封堵裂隙水的作用,不仅提高了围岩强度,而且可以减少水对岩石的弱化作用。

6.3.2　支护参数设计

(1)巷道断面设计

掘进宽度 4 640 mm,高度 3 920 mm,半圆拱半径 2 320 mm,断面积 15.9 m²,支护方案与参数见图 6-3。

(2)合理布置疏水孔

前述第 5.2 节提出,富水巷道顶板水具有可控性的特点,并提出了疏水孔参数的计算公式。据此,沿巷道走向每间隔 20 m 布置一个泄水孔,疏水孔直径 75 mm、倾角 75°。钻孔长度由直接顶厚度 L_1 和含水砂岩主裂隙面距直接顶距离 L_2 共同决定,取 L_1 和 L_2 分别为 3.19 m、5.0 m,疏水孔穿透含水层主裂隙面长度 L_3 取为 2.0 m。将以上数据带入公式(5-1)得钻孔长度 L,取整后为 11.0 m。

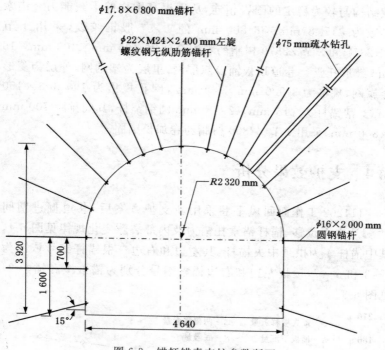

图 6-3　锚杆锚索支护参数断面

（3）巷道锚杆支护参数设计

顶板锚杆预紧扭矩为 400 N·m,锚索预紧力 180 kN,通过扭矩倍增器或风动扳手二次紧固锚杆和气动或液压式张拉机具张拉锚索,使其达到设计要求。顶板采用杆体全长调质及杆尾螺纹强化的 20MnSi 建筑螺纹钢作为锚杆杆体,屈服载荷和拉断载荷分别为 232 kN 和 297 kN。锚杆直径 22 mm,长 2.5 m。采用 1 节 CK2370 和 1 节 Z2370 配合使用,锚杆托板为 120 mm×120 mm × 12 mm 厚碟形托板。组合构件为 W 形钢带,其厚度为 2.75 mm,宽度 250 mm。根据悬吊理论,锚索应将锚杆支护形成的预应力承载结构与较为稳定的围岩相连,从而提高围岩的承载能力。锚索参数为 ϕ17.8 mm×6 800 mm 的 1×7 股钢绞线,采用 1 节 CK2370 和 2 节 Z2370 树脂药卷配合使用,400 mm×400 mm×16 mm 鼓形托盘。巷道顶板铺设双层网,里层为塑钢网,外层为菱形金属网,规格为 3 900 mm×800 mm,网孔规格为 100 mm×150 mm。帮锚杆为 ϕ16 mm×2 000 mm 圆钢锚杆,其间排距 700 mm ×800 mm,采用 1 节 Z2860 树脂药卷加长锚固。

6.4　支护效果分析

114202 工作面回风平巷采用新支护方案后,巷道掘进期间 1# 测站表面位移、锚杆锚索托锚力及内部裂隙变化规律见图 6-4,其中锚杆 4 为拱顶中央锚杆,其左边和右边三根锚杆编号依次为 1～3 和 5～7,顶板左边和右边锚索编号分别为锚索 1 和锚索 2,见图 6-3。

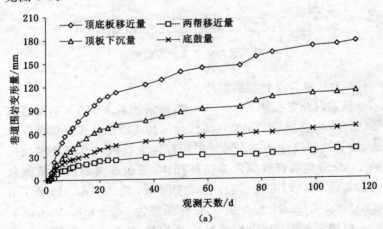

(a)

图 6-4　巷道围岩位移、锚杆(索)受力及内部裂隙

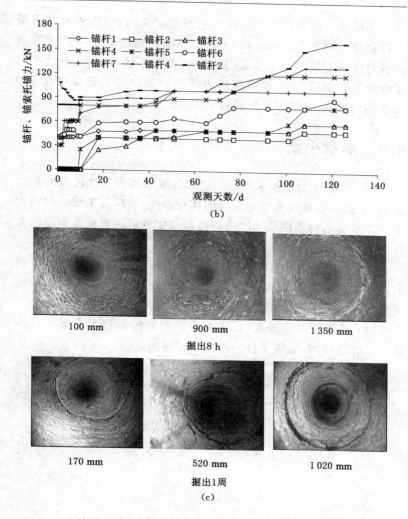

(b)

100 mm　　　　　　900 mm　　　　　　1 350 mm

掘出8 h

170 mm　　　　　　520 mm　　　　　　1 020 mm

掘出1周

(c)

续图 6-4　巷道围岩位移、锚杆(索)受力及内部裂隙

(a)巷道围岩表面位移曲线;(b)锚杆、锚索托锚力变化曲线;(c)巷道顶板内部裂隙

由图 6-4 可知：① 巷道掘出至其稳定期间，顶底板及两帮最大移近量分别为 117 mm 和 38 mm，且巷道掘出后 20 d 内位移量占其总体移近量的 60%。② 锚杆、锚索工作状态良好，有效控制了巷道围岩变形。③ 巷道顶板内部裂隙破碎带主要集中在 1.0 m 范围内，1.0 m 范围之外的岩层完整性较好。

6.5　本章小结

（1）分析认为顶板水和顶板岩层含吸水和膨胀性较强的黏土矿物，是富水巷道顶板变形失稳的客观条件，锚杆支护形成的锚岩支护体承载结构强度及刚度的弱化是富水巷道顶板变形失稳的关键因素。

（2）提出了优化富水巷道断面、采用有控疏水技术、施加合理的锚杆锚索预紧力、提高支护强度及重视配套支护构件作用、加长或全长锚固提高锚固强度及实现合理保水等技术关键。

（3）矿压监测结果表明，富水巷道围岩控制技术方案在现场进行了成功应用，取得了良好的技术经济效果。

参考文献

[1] 侯朝炯,郭励生,勾攀峰,等.煤巷锚杆支护[M].徐州:中国矿业大学出版社,1999.

[2] 康红普,王金华,等.煤巷锚杆支护理论与成套技术[M].北京:煤炭工业出版社,2007.

[3] 侯朝炯,郭宏亮.我国煤巷锚杆支护技术的发展方向[J].煤炭学报,1996,21(2):113-118.

[4] 王志清,万世文.顶板裂隙水对锚索支护巷道稳定性的影响研究[J].湖南科技大学学报,2005,20(4):26-29.

[5] 许兴亮,张农.富水条件下软岩巷道变形特征与过程控制研究[J].中国矿业大学学报,2007,36(3):298-302.

[6] 王思恩,郑少林,于菁珊,等.中国地层典—侏罗系[M].北京:地质出版社,2000.

[7] 符俊辉.西北地区侏罗系煤层分布规律及划分对比的几个标志[J].西北地质,1997,18(1):7-11.

[8] Yao Q L,Zhang F T,Ding X L,et al. Experimental research on instability mechanism of silty mudstone roofs under action of water and its application[J]. Procedia Earth and Planetary Science,2009(1),402-408.

[9] 曾佑富,伍永平,来兴平,等.复杂条件下大断面巷道顶板冒落失稳分析[J].采矿与安全工程学报,2009,26(4):423-427.

[10] 杨忠民,张建华,来兴平,等.复杂特厚富水煤层大采高开采岩层运动局部化特征[J].煤炭学报,2010,35(11):

1868-1872.

[11] 赵阳升.矿山岩石流体力学[M].北京:煤炭工业出版社,1994.

[12] 仵彦卿,张倬元.岩体水力学导论[M].成都:西南交通大学出版社,1994.

[13] 魏可忠.矿井水文地质[M].北京:煤炭工业出版社,1991.

[14] 蔡美峰,何满朝,刘东燕.岩石力学与工程[M].北京:科学出版社,2002.

[15] 康红普.水对岩石的损伤[J].水文地质工程地质,1994(3):39-40.

[16] 苟晓琴,陈迪云.当代环境中石造物的腐蚀破坏机理和保护[J].华东地质学院学报,1991,17(4):389-394.

[17] 陈钢林,周仁德.水对受力岩石变形破坏宏观力学效应的实验研究[J].地球物理学报,1991,34(3):335-341.

[18] Anderson O L,Grew P C. Stress corrosion theory of crack propagation with applications to geophysics [J]. Rev. Geophys,1977,15(1):77-104.

[19] Tzong-tzeng Lin, Chyi Sheu, Juu-en Chang. Slaking mechanisms of mudstone liner immersed in water [J]. Journal of Hazardous Materials, 1998, 58 (1-3): 261-273.

[20] Peak L. Stress corrosion and crack propagation in Sioux Quartzite [J]. Journal of Geophysical Research, 1983,88(B6):5037-5046.

[21] Atkinson B K,Meredith P G. Stress corrosion and cracking of quartz:a note on the influence of chemical environment [J]. Tectonophysics, 1981, 77 (1):

T1-T11.

[22] Swanson P L. Subcritical crack growth and other time- and environment-dependent behavior in crustal rocks [J]. Journal of Geophysical Research, 1984, 89 (B6): 4137-4152.

[23] 黄伟,周文斌,陈鹏. 水—岩化学作用对岩石的力学效应的研究[J]. 西部探矿工程, 2006, 117(1):122-125.

[24] Dyke C G, Dobereiner L. Evaluating the strength and deformability of sandstones [J]. Quarterly Journal of Engineering Geology and Hydrogeology, 1991, 24(1): 123-134.

[25] Logan J M, Blackwell M I. The influence of chemically active fluids on the frictional behavior of sandstone [J]. EOS Trans. Am Geophys. Union, 1983, 64(2): 835-840.

[26] Burshtein L S. Effect of moisture on the strength and deformability ofsandstone [J]. Journal of Mining Science, 1969, 5(5):573-576.

[27] Vasarhelyi B, Van P. Influence of water content on the strength of rock [J]. Engineering Geology, 2006, 84(1/2):70-74.

[28] Colback P S B, Wiid B L. Influence of moisture content on the compressive strength of rock[A]. In: Proc. 3rd Canadian Rock Mech. Symp[C]. Canada: University of Toronto, 1965, 385-391.

[29] Laijtai E Z, Schmidtke R H, Bielus L P. The effect of water on the time-dependent deformation and fracture of granite [J]. Int. J. Rock Mech. Min. Sci. & Geo-

mech. Abstr. ,1987,24(4):247-255.

[30] 孙钧,胡玉银. 三峡工程饱水花岗岩抗拉强度时效特性研究[J]. 同济大学学报,1997,25(2):127-134.

[31] Hawkins A B, Mcconnell B J. Sensitivity of sandstone strength and deformability to changes in moisture content [J]. Quarterly Journal of Engineering Geology and Hydrogeology,1992,25(2):115-130.

[32] Ojo O, Brook N. The effect of moisture on some mechanical properties of rock [J]. Moberly, Mining Science and Technology,1990,10(2):145-156.

[33] 韩琳琳,徐辉,李男. 干燥与饱水状态下岩石剪切蠕变机理的研究[J]. 人民长江,2010,41(15):71-74.

[34] Chugh Y P, Missavage R A. Effects of moisture on strata control in coal mines[J]. Engineering Geology,1981,17(4):241-255.

[35] Chang C D, Haimson B. Effect of fluid pressure on rock compressive failure in a nearly impermeable crystalline rock: Implication on mechanism of borehole breakouts [J]. Engineering Geology,2006(10):10-16.

[36] 唐春安,唐世斌. 岩体中的湿度扩散与流变效应分析[J]. 岩土力学,2010,27(3),292-298.

[37] 刘光廷,胡昱,李鹏辉. 软岩遇水软化膨胀特性及其对拱坝的影响[J]. 岩石力学与工程学报,2006,25(9):1729-1734.

[38] 常春,周德培,郭增军. 水对岩石屈服强度的影响[J]. 岩石力学与工程学报,1998,17(4):407-411.

[39] 张有天. 岩石水力学与工程[M]. 北京:中国水利水电出版社,2005.

[40] 周翠英,彭泽英,尚伟,等.论岩土工程中水—岩相互作用研究的焦点问题[J].岩土力学,2002,23(1):124-128.

[41] 汪亦显,曹平,黄永恒,等.水作用下软岩软化与损伤断裂效应的时间相依性[J].四川大学学报(工程科学版),2010,42(4):55-62.

[42] 沈荣喜,刘长武,刘晓斐.压力水作用下碳质页岩三轴流变特征及模型研究[J].岩土工程学报,2010,32(7):1031-1034.

[43] 汤连生,张鹏程,王洋.水作用下岩体断裂强度探讨[J].岩石力学与工程学报,2004,23(19):3337-3341.

[44] 朱珍德.地下水对裂隙岩体强度的影响[J].山东科技大学学报(自然科学版),2000,19(1):18-20.

[45] 朱珍德,张勇,王春娟.大理岩脆—延性转换的微观机理研究[J].煤炭学报,2005,30(1):31-35.

[46] 杨天鸿,唐春安,徐涛,等.岩石破裂过程的渗流特征[M].北京:科学出版社,2004.

[47] Hoek E,Bray J W. Rock slope engineering(Revised Third Edition)[M]. London:Institution of Mining and Metallurgy,1981.

[48] 胡耀青,段康廉,张文,等.孔隙水压对煤体变形特性影响的研究[J].山西矿业学院学报,1990,8(4):419-425.

[49] 费晓东,董正筑,李玉寿,等.动态孔隙水作用下砂岩力学特性试验研究[J].采矿与安全工程学报,2010,27(3):425-428.

[50] 郭富利,张顶立,苏洁,等.地下水和围压对软岩力学性质影响的试验研究[J].岩石力学与工程学报,2007,26(11):2324-2332.

[51] 荣传新,程桦.地下水渗流对巷道围岩稳定性影响的理论解[J].岩石力学与工程学报,2004,23(5):741-744.

[52] 卢应发,孙慧,陈高峰,等.岩石和水耦合参数在破裂过程中的演化规律[J].工程力学,2010,27(2):19-29.

[53] 刘建,乔丽苹,李鹏.砂岩弹塑性力学特性的水物理化学作用效应——试验研究与本构模型[J].岩石力学与工程学报,2009,28(1):20-29.

[54] Oneil J R,Hanks T C. Geomechanical evidence for water-rock interaction along the San Andreas and Garlock faults of Califorrnia [J]. J. Geophys. Res. ,1980 ,85: 6286-6292.

[55] Dewerw T,Ortoleva P. Mechano-chemical coupling via texture dependent solubility in stressed rocks [J]. Geochim Cosmochim Acta,1988(89):4196-4202.

[56] Feucht L J,John M L. Effects of chemically active solutions on shearing behavior of sandstone[J]. Tectonophysics,1990(175):159-176.

[57] 汤连生,王思敬.工程地质地球化学的发展前景及研究内容和思维方法[J].大自然探索,1999,68(2):34-43.

[58] 朱珍德,孙钧.裂隙岩体非稳态渗流场与损伤场耦合分析模型[J].四川大学学报(工程科学版),1999,3(4):73-80.

[59] 汤连生.水—岩土反应的力学与环境效应研究[J].岩石力学与工程学报,2000, 19(5):681-682.

[60] Feng X T,Li S J,Chen S L. Effect of water chemical corrosion on strength and cracking characteristics of rocks[J]. Key Engineering Materials,2004:1355-1360.

[61] Jing Z Z,Kimio W,Jonathan W,et al. A 3D water/rock

chemical interaction model for prediction of HDR/HWR geothermalreservoir performance [J]. Geothermics,2002,31:1-28.

[62] Freiman S M. Effects of the chemical environments on slow crack growth in glasses andceramics [J]. J. Geophys. Res. ,1984(89):4072-4077.

[63] Karfakis M G,Askram M. Effects of chemical solutions on rock fracturing [J]. Int. J. Rock Mech. Min. Sci. & Geomech. Abstr. ,1993,37(7):1253-1259.

[64] 汤连生,张鹏程,王思敬. 水—岩化学作用的岩石宏观力学效应的试验研究[J]. 岩石力学与工程学报,2002,21(4):526-531.

[65] Dunning J,Douglas B,Miller M,et al. The role of the chemical environment in frictional deformation: stress corrosion cracking and comminution[J]. Pure and Applied Geophysics,1994,43(1/3):151-178.

[66] Liste J R,Kerr R C. Fluid-mechanical models of crack propagation and their application to magma transport in Dykes [J]. J. Geophys. Res. , 1991, 96 (B6): 10049-10077.

[67] Dieterich J H,Conrad G. Effects of humidity on time and velocity dependent friction in rocks [J]. J. Geophys. Res. ,1984(89):4196-4202.

[68] 陈四利,冯夏庭,周辉. 化学腐蚀下砂岩三轴压缩力学效应的试验[J]. 东北大学学报(自然科学版),2003,24(3):292-295.

[69] 陈四利,冯夏庭,李邵军. 岩石单轴抗压强度与破裂特征的化学腐蚀效应[J]. 岩石力学与工程学报,2003,22

(4):547-551.

[70] Ieterich J H,Conrad G. Effects of humidity on time and velocity dependent friction in rocks [J]. J. Geophys Res,1984(89):4196-4202.

[71] Yuan H P,Cao P,Xu W Z. Mechanism study on subcritical crack growth of flabby and intricate ore rock [J]. Transactions of Nonferrous Metals Society of China,2006,16(3):723-727.

[72] 杨建辉,尚岳全,祝江鸿,等. 层状结构顶板锚杆组合拱梁支护机制理论模型分析[J]. 岩石力学与工程学报,2007,26(增2):4215-4220.

[73] 徐金海. 锚固体强度与组合拱承载能力的研究与应用[J]. 中国矿业大学学报,1999,28(5):482-485.

[74] Guo S,Stankus J. Control mechanism of a tensioned bolt system in the laminated roof with a large horizontal stress[R]. Paper Presented at 16th Int. Conf. on Ground Control in Mining,Morgantown,West Virginia,1997.

[75] Stankus J,Guo S. Computer automated finite element analysis—a powerful tool for fast mine design and ground control problem diagnosis and solving [A]. 5th Int Conf. On the Use of Computer in the Coal Industry [C]. West Virginia,Morgantown,1996.

[76] 侯朝炯. 煤巷锚杆支护的关键理论与技术[J]. 矿山压力与顶板管理,2002(1):1-5.

[77] 董方庭,宋宏伟,郭志宏,等. 巷道围岩松动圈支护理论[J]. 煤炭学报,1994,19(1):21-32.

[78] 侯朝炯,勾攀峰. 巷道锚杆支护围岩强度强化机理研究

[J].岩石力学与工程学报,2000,19(3):342-345.

[79] 陆士良,汤雷,杨新安.锚杆锚固力与锚固技术[M].北京:煤炭工业出版社,1998.

[80] 康红普.巷道围岩的关键圈理论[J].力学与实践,1997,19(1):34-36.

[81] 朱建明,任天贵,徐秉业,等.巷道围岩主次承载区协调作用[J].中国矿业,2000,9(2):41-44.

[82] 李树清.深部煤巷围岩控制内、外承载结构耦合稳定原理的研究[D].长沙:中南大学,2008.

[83] 许兴亮,张农,李桂臣,等.巷道覆岩关键岩梁与预应力承载结构力学效应[J].中国矿业大学学报,2008,37(4):560-564.

[84] 林崇德.煤巷软弱顶板锚杆支护机理与技术研究[D].徐州:中国矿业大学,1999.

[85] 赵庆彪.深井破碎围岩煤巷锚杆—锚索协同作用机理研究[D].北京:中国矿业大学(北京校区),2004.

[86] 周华强.巷道支护限制与稳定作用理论的研究[D].徐州:中国矿业大学,2000.

[87] 康红普.煤矿井下应力场类型及相互作用分析[J].煤炭学报,2008,33(12):1329-1332.

[88] 宋宏伟.非连续岩体中锚杆横向作用的新研究[J].中国矿业大学学报,2003,32(2):161-164.

[89] 贾颖绚,宋宏伟,段艳燕.非连续岩体锚杆导轨作用的物理模拟研究[J].中国矿业大学学报,2007,36(4):614-617.

[90] 陈庆敏,郭颂,张农.煤巷锚杆支护新理论与设计方法[J].矿山压力与顶板管理,2002(1):12-15.

[91] 郭颂.美国煤巷锚杆支护技术概况[J].煤炭科学技术,

1998,26(4):50-54.

[92] 马念杰,潘玮,李新元.煤巷支护技术与机械化掘进[M].徐州:中国矿业大学出版社,2008.

[93] 何川,谢红强.多场耦合分析在隧道工程中的应用[M].成都:西南交通大学出版社,2007.

[94] 陈宗基.地下巷道长期稳定性的力学问题[J].岩石力学与工程学报,1982,1(1):1-20.

[95] 陈宗基.应力释放对开挖工程稳定性的重要影响[J].岩石力学与工程学报.1992,1(11):1-10.

[96] 高明仕,张农,张连福,等.伪硬顶高地压水患巷道围岩综合控制技术及工程应用[J].岩石力学与工程学报,2005,24(21):3996-4002.

[97] 韦立德,陈从新,徐建,等.考虑渗流和锚固作用的强度折减有限元法研究[J].岩石力学与工程学报,2008,27(增2):3471-3476.

[98] 黄乃斌,孔德惠.大断面交岔点顶板变形与加固控制技术研究[J].采矿与安全工程学报,2006,23(2):249-252.

[99] 汪班桥,门玉明,沈星.水作用下黄土土层锚杆的预应力损失[J].水文地质工程地质,2010,37(1):76-79.

[100] 朱维申,李晓静,杨为民,等.大岗山水电站地下厂房稳定性的流固耦合计算分析[J].岩土力学,2006,27(增刊):1-4.

[101] 李国富,李珠,李玉辉,等.泥质类膨胀软岩巷道注浆强化防水控制研究[J].太原理工大学学报,2009,40(2):148-151.

[102] 薛亚东,黄宏伟.水对树脂锚索锚固性能影响的试验研究[J].岩土力学,2005,26(增刊):31-34.

[103] 李铀,白世伟,方昭茹,等.预应力锚索锚固体破坏与锚固力传递模式研究[J].岩土力学,2003,24(5):686-690.

[104] 张发明,陈祖煜,刘宁.岩体与锚固体间黏结强度的确定[J].岩土力学,2001,22(4):470-473.

[105] 朱行宝,郭运行.注浆堵水确保树脂锚杆支护质量[J].矿山压力与顶板管理,2005(4):123-124.

[106] 勾攀峰,陈启永,张盛.钻孔淋水对树脂锚杆锚固力的影响分析[J].煤炭学报,2004,29(6):680-683.

[107] 张盛,勾攀峰,樊鸿.水和温度对树脂锚杆锚固力的影响[J].东南大学学报(自然科学版),2005,35(增刊I):49-54.

[108] 张玉军.考虑水—应力耦合作用的地下洞室的锚杆支护效果[J].岩石力学与工程学报,2005,24(15):2683-2688.

[109] 薛亚东,黄宏伟.锚索锚固力影响因素的试验分析研究[J].岩土力学,2006,27(9):1523-1526.

[110] 朱维申,何满潮.复杂条件下围岩稳定性与岩体动态施工力学[M].北京:科学出版社,1995.

[111] 康红普,王金华,高富强.掘进工作面围岩应力分布特征及其与支护的关系[J].煤炭学报,2009,34(12):1585-1593.

[112] 刘长武,陆士良.软岩的风化效应及其对巷道维护的影响[J].中国矿业大学学报,2000,29(1):70-72.

[113] Chigira M. A mechanism of the chemical weathering of mudstone in a mountainous area [J]. Engineering Geology,1990(29):119-138.

[114] Chigira M,Sone K. Chemical weathering mechanisms

and their effects on engineering properties of soft sandstone and conglomerate cemented by zeolite in a mountainous area [J]. Engineering Geology, 1991 (30):195-219.

[115] Takahiro Oyama, Masahiro Chigira. Weathering rate of mudstone and tuff on old unlined tunnel walls [J]. Engineering Geology, 1999(55):15-27.

[116] 张鹏飞. 沉积岩石学[M]. 北京:煤炭工业出版社,1990.

[117] Chen Z J. Research on deformation and damage of expansive rock [J]. Chinese Journal of Rock. Mechanics and Engineering, 1994, 13(3):206-212.

[118] 周思孟. 复杂岩体若干岩石力学问题[M]. 北京:中国水利水电出版社,1998.

[119] 付国彬,路彪,陆士良,等. 煤巷顶板的风化膨胀及其控制[J]. 矿山压力与顶板控制,1998(1):30-32.

[120] 沈明荣,陈建峰. 岩体力学[M]. 上海:同济大学出版社,2006.

[121] 谭罗荣. 关于黏土岩崩解、泥化机理的讨论[J]. 岩土力学,2001,22(1):1-5.

[122] 缪协兴,陈纯智. 软岩力学[M]. 徐州:中国矿业大学出版社,1995.

[123] Gysel M. Design methods for structure in swellingrock[J]. ISRM,1975(18):377-381.

[124] Wittke W. Foundations for the design and construction of tunnel in swellingrock[J]. Proc. 4th int. Cong. Rock Mech. ,Montreux,1979(2):219-229.

[125] 杨庆,廖国华. 膨胀岩的三轴膨胀试验的研究[J]. 岩石

力学与工程学报,1994,13(1):51-58.

[126] Holtz W G, Gibbs J J. Engineering properties of expansive clays[J]. Proc. Am. Soc. Civ. Eng, 1956 (121):641-677.

[127] Huder J, Amberg G. Quellung in Mergel, Opalinuston and Anhydrit [J]. Schweizerische Bauzeitung, 1970,88(43):975-980.

[128] Komornik A, Zeitlen J G. Laboratory determination of lateral and vertical stresses in compacted swelling clay [J]. Journal of Materials,1970,5(1):108-128.

[129] 温春莲,陈新万. 初始含水率、容重及载荷对膨胀岩特性影响的试验研究[J]. 岩石力学与工程学报,1992,11(3):304-311.

[130] 中华人民共和国地质矿产部. 岩石物理力学性质试验规程[M]. 北京:地质出版社,1988.

[131] 姚强岭,李学华,瞿群迪. 富水煤层巷道顶板失稳机理与围岩控制技术研究[J]. 煤炭学报,2011,36(1),12-17.

[132] 陈炎光,陆士良. 中国煤矿巷道围岩控制[M]. 徐州:中国矿业大学出版社,1994.

[133] 尤明庆. 岩石非均匀变形破坏和承载能力的研究[D]. 徐州:中国矿业大学,1997.

[134] 袁振明,马羽宽,何泽云. 声发射技术及其应用[M]. 北京:机械工业出版社,1985.

[135] 尹菲. 声发射技术用于工程岩体灾害预报的试验研究初探[J]. 中国地质灾害与防治学报,1991,2(增刊):74-79.

[136] Obert L, Duvall W L. Micro-seismic method of de-

terming the stability of underground openings [M]. Washington:United States Government Printing Office,1957.

[137] 张发明,陈祖煜,刘宁.岩体与锚固体间黏结强度的确定[J].岩土力学,2001,22(4):470-473.

[138] 李世平.岩石力学简明教程[M].徐州:中国矿业学院出版社,1986.

[139] 刘树新,张飞,赵学友.深埋隧硐含水围岩弹塑性稳定极限平衡分析[J].包头钢铁学院学报,2005(3):1-4.

[140] 郑颖人,刘怀恒.隧洞粘弹-塑性分析及其在地下工程中的应用[J].地下工程,1980(7):20-29.

[141] 倪国荣.圆形井巷含水围岩的岩体—水力学分析[J].长沙铁道学院学报,1989(3):57-68.

[142] 蔡晓鸿.设集中排水的水工压力隧洞含水围岩弹塑性应力分析[J].岩土工程学报,1991(11):52-63.

[143] 徐芝纶.弹性力学[M].3版.北京:高等教育出版社,1990.

[144] 马慧,王刚.COMSOL Multiphysics 基本操作指南和常见问题解答[M].北京:人民交通出版社,2009.

[145] 陈占清,李顺才,浦海,等.采动岩体蠕变与渗流耦合动力学[M].北京:科学出版社,2010.

[146] 谢文兵,陈晓祥,郑百生.采矿工程问题数值模拟研究与分析[M].徐州:中国矿业大学出版社,2005.

[147] Itasca Consulting GroupInc. FLAC2D(Version 4.0) users manual[R]. Minnesota:Itasca Consulting Group Inc.,2000.

[148] Itasca Consulting GroupInc. FLAC3D(Version 3.0) users manual[R]. Minnesota:Itasca Consulting Group

Inc. ,2005.

[149] 陈安敏,顾金才,沈俊.预应力锚索的长度与预应力值对其加固效果的影响[J].岩石力学与工程学报,2002,21(6):848-852.

[150] 谭峰屹.钙质砂岩声发射试验研究[D].武汉:中国科学院武汉岩土力学研究所,2007.

[151] 赵洪宝.含瓦斯煤失稳破坏及声发射特性的理论与实验研究[D].重庆:重庆大学,2009.